들어가는 말

슈퍼카의 양대 산맥이라면 누구나 주저 없이 페라리와 람보르기니를 꼽을 것이다. 엔초 페라리에게 무시당한 페루치오 람보르기니가 그에 대한 앙갚음으로 더 뛰어난 GT를 만들기로 결심했다는 스토리는 소문과 사실 사이를 오가지만, 중요한 건 그런 라이벌 관계가 두 브랜드 모두에게 상승 작용을 일으켰다는 점이다. 그런 자존심 대결은 전동화 시대를 앞둔 오늘날까지 이어지고 있다.

지난해 페라리 헤리티지 드라이브를 펴낸 이후 1년 여 만에 람보르기니 헤리티지 드라이브를 펴내게 되었다. 다소 늦어졌지만 두 번째 헤리티지 시리즈를 출간하게 되어 다행스럽다. 앞서 페라리 책을 구매한 독자들로부터 람보르기니 책은 언제 나오느냐는 문의를 여러 차례 받은 터라 숙제를 마치는 기분도 든다. 물론 헤리티지 시리즈는 계속 이어나갈 것이지만.

이 책은 페라리와 마찬가지로 세계 최고 권위의 클래식카 매거진 〈클래식 & 스포츠카〉의 콘텐츠를 기초로 구성되었다. 첫 장은 슈퍼카 제작 기준을 확 뒤집으며 세상을 놀라게 만든 미우라부터 시작된다. 특히 오리지널 미우라를 타고 1969년의 영화 '이탈리안 잡'의 로케 현장을 따라 달리는 꿈같은 여정이 흥미진진하게 펼쳐진다. 미우라 투어 창설 이벤트 현장도 이어진다. 전 세계에서 모인 25대의 클래식 람보르기니가 4일간 북부 이탈리아를 일주하는 모험 행진 이야기다.

미우라에 이은 두 번째 걸작 쿤타치가 바통을 잇는다. 섹시한 미우라가 부드럽고 유혹적이었다면 쿤타치는 강렬하고 예리했다. 쿤타치는 이탈리아 피에몬테 지방에서 아름다운 여성을 봤을 때 남자들이 쓰는 감탄사. 쿤타치는 그 자체로 매우 의미심장한 모델이지만 페루치오의 쿤타치를 그 본고장에서 직접 몰아본 이야기는 특별하지 않을 수 없다. 그리고 1970년대 슈퍼카의 또 다른 총아 드 토마소 판테라와의 한판 승부도 어디서나 볼 수 없는 드라마에 다름 아니다.

람보르기니가 만든 최고의 드림카 디아블로 이야기도 빠질 수 없다. 람보르기니 창립 30주년을 기념하는 이 슈퍼카는 V12 엔진으로 최고 시속 320km를 앞세우며 헤드라인을 장식했다. 그리고 엔초 페라리에게 악몽이었던 차 350GT, 시대를 너무 앞서갔던 2+2 GT 이슬레로, 마지막 V8 GT 잘파, 브랜드 최초의 SUV LM002, 람보르기니의 역사가 시작되는 트랙터 시승까지 단편영화가 하나씩 모여 장편처럼 서사가 연결된다.

이 책은 단순히 슈퍼카 브랜드 람보르기니의 역사와 당대를 빛낸 모델에 대한 소개서는 아니다. 성공한 사업가 이전에 엔지니어였던 페루치오 람보르기니와 더불어 역사를 함께 만들어간 사람들, 그리고 오리지널에 가까운 클래식 람보르기니를 구하고 관리하며, 아껴 온 사람들의 대단한 노력에 관한 이야기가 담겨 있다. 이제는 점점 사라져 가는 아름다운 기계 미학에 대한 기록으로서도 이 작은 책이 쓸모 있기를 바란다.

편집인 최주식

차례

미우라 : 이탈리안 잡의 바로 그 차, 그 장소

영화 '이탈리안 잡'(Italian Job, 1969년)의 로케 현장을 찾기 위해 미우라를 몰고 간다? 우리 임무는 코믹 범죄 영화의 첫 장면을 되살리는 데 있었다. 산타가타의 최고 걸작 람보르기니 SV 2대가 동원됐다. 감독 피터 콜린슨의 고전적 영화 개봉 40주년을 기념하는 행사. 고속 추격 장면이 벌어지는 지역은 프랑스와 이탈리아. 그리고 전율할 타이틀 도입부를 촬영한 숨 막히는 그랑-생-베르나르 고개를 넘어 스위스를 가로지른다.

우리가 도착지에서 차를 내리자 돌팔매질을 하면 닿을 곳에 전시장이 있었다. 1966년 3월 미우라가 완벽한 모습으로 데뷔해 자동차계를 놀라게 했던 바로 그 자리. 덤덤한 현대차 가운데 서 있는 금빛 SV가 당장 눈에 들어왔다. 날씬하고 섹시하며 근육질적인 슈퍼모델의 자태는 주변의 모든 것을 우중충하고 추하게 만들었다. 오늘날의 762 한

대도 새 차였을 때처럼 매혹적이었다. 그런데 궁극적인 SV는 한층 고혹적. 불과 148대밖에 만들지 않았다. 프랑스 제철업자 자크 당비어몽이 주문한 오로 메탈리차토의 걸작이다.

오몽 제철소에서 정기적으로 리비에라의 생–장–페라의 별장까지 몰고 다녔다. 이탈리아에서 완전히 다시 만든 '4878'은 제네바에서 몽 방투를 왕복하는 잊을 수 없는 '추격' 여행을 마치고 막 돌아왔다. 이 차의 관대한 오너는 자기 차를 몰고 다니기 위해서였다고 말했다. 그래서 우리 순례 행차에 선뜻 차를 내놨다. "교통체증에 걸리면 이 차는 괴상한 소리를 내는 버릇이 있어요. 서스펜션은 부딪치고, 뒤 타이어를 바꿔야 할 거요. 하지만 마음껏 즐기시오." 내게 키를 건네면서 하는 말이었다. 앞쪽에 완전한 스페어를 눕혀 넣은 미우라는 최신 슈퍼카들보다 훨씬 실용적이었다. 좁고 깊은 트렁크에 들어가는 짐이 많아 놀랐다.

소형 제트기에 실려 와서 금빛 미우라로 꿈의 질주를 하게 되다니 실감이 나지 않았다. 좁은 주차장 출구를 통해 람보르기니를 몰고 나갔다. SV의 관능미를 의식하며 몰고 나가자니 신경이 곤두섰다. 낮은 좌석에서 각도가 좋고 높이 달린 3스포크 스티어링을 무릎으로 감쌌다. 1971년형은 실제 너비 1,803mm보다 훨씬 넓은 느낌이 들었다.

우리는 남쪽으로 프랑스를 꿰뚫고 몽블랑 터널을 향했다. 스티어링 휠 위로 팔을 뻗어야 했고, 클러치가 뻣뻣했다. 한편 내 왼쪽 엄지발가락은 줄곧 대시보드에 걸렸다. 번들거리는 콕핏은 멋진 70년대 브루노 가죽으로 다시 치장했다. 짧은 버킷시트에 웅크리고 앉은 실내는 놀랍도록 넓었다. 인체공학적 배려는 허술했고, 한낮의 눈부신 태양 아래 번들거리는 계기는 읽기 어려웠다. 루프 클러스터에 항공기형 스위치와 손잡이를 달아놓은 레이아웃은 늘씬한 겉모습과 잘 어울렸다.

편안하지는 않았지만, 황홀한 경험을 위해 요통쯤은 견딜 수 있었다. 윙 위로 보이는 전방 시야는 라켈 웰치의 환상적인 다리가 일어나는 모습. 곡선미를 자랑하는 전망이 가로놓기 V12의 악마와 같은 깊은 저음과 잘 어울렸다. 게다가 트랜스퍼 기어의 애처로운 반주를 곁들이면 미우라의 모든 결함을 잊어버린다. 도중에 미우라의 달인 사이먼 킷스턴의 새카만 SV와 합세했다. 이 영광된 한 쌍이 바로 그 터널을 찾아 북부 이탈리아로 치닫자 페이스가 성큼 올라갔다. 마피아 변절자로서 베커먼이 충격적인 최후를 맞은 곳. 1970년대 초 자동차 영화의 아이콘들은 불도저와 충돌하는 버릇이 있었다.

영화 〈배니싱 포인트〉에서 코왈스키의 닷지 챌린저도 마찬가지로 격렬한 최후를 맞았다. 피터 위어의 JG 밸러드식 블랙 코미디 〈파리를 잡아먹은 자동차〉도 이탈리안 잡의 오프닝을 모방하고 있다. 하지만 콜린슨이 베커먼의 폭발적인 종말을 위해 선택한 궁극적 슈퍼카는 영감의 절정을 달렸다. 꿈꾸는 맷 먼로의 음악 '이런 날에'와 함께 천국으

킷스턴과 웰치가 세인트 오예의 고가교 위에서 지도를 찾아보고 있다

로 가는 알프스 도로를 배경으로 정상을 향해 치달았다.

영화에 등장하는 초기 P400의 정체는 오랫동안 미스터리로 남아있었다. 그런데 슬로모션으로 다시 봤을 때 확인됐다. 라 튈르 터널 출구에서 불도저에 밀려 골짜기로 떨어진 섀시는 오너인 아랍 왕자가 충돌사한 뒤 공장으로 돌아간 엔진 없는 껍데기였다. 산골의 급류에 던져넣기 전 좋은 부품은 모조리 뜯어냈다. 미니 쿠퍼가 그렇듯 그 이색적 슈퍼카의 잔해는 단 하나도 회수하지 못했다. 아오스타의 아래쪽 발테 강바닥에는 지금도 잔해가 틀림없이 갇혀 있다. "우리가 샅샅이 뒤졌지만 아무것도 찾지 못했다"라고 특수효과 기사 켄 모리스가 말하긴 했지만….

이런 이야기가 전해진다. 액션 장면에 사용했던 오렌지색 P400은 등록번호가 BO 296(이탈리아 볼로냐 지역의 프로바 번호판). 오너에게 전달되기 이전에 공장에서 내줬고, 판매이사가 알프스로 몰고 갔다. "내가 자료를 뒤지다가 3일간의 촬영용 연료비 영수증을 찾아냈다. 세금을 돌려받기 위해서였다. 첫 번째 오너는 자기 미우라가 알프스 산길을 휘젓고 다닌 줄은 까맣게 몰랐다." 킷스턴의 회고담.

1968년 이후 그 터널은 양쪽 모두 확장했다. 때문에 당장 알아보기는 어려웠다. 그런데 눈 덮인 그랑 로 셰르의 웅장한 풍경을 등지고 골짜기를 내려다봤다. 베커먼이 미우라를 전속으로 몰고 고개를 올라 처참한 운명을 맞는 로앵글의 마지막 장면과 딱 들어맞았다. 우리는 그 장면을 재현했다. 2단으로 내려 아우성치며 터널을 뚫고 나갔다. 터널 출구 장면은 이 영화의 절정. 마침 그 고장에서 투르 드 프랑스 대열을 맞기 위해 대대적인 환영 준비를 하고 있었다. 영웅적인 사이클리스트들을 맞기 위해 인부들이 도로를 보수하고 있었다. 그런데 캐터필러 불도저는? 콜린슨의 영화는 이탈리아에 거의 알려지지 않았다. 놀랄 일이 아니었다. 라틴계의 생활을 깎아내리는 장면이 들어있으니까. 마을 사람들이 우리를 반기는 기미를 찾을 수 없었다.

라 튈르에서 골짜기를 따라 되돌아와 모르제에서 연료를 넣고, 에스프레소를 마시며 잠시 쉬었다. 주유소 직원은 미우라를 잘 알았고, 희귀한 스핀토 벨로체 스펙을 알아줬다. 한데 그들은 40년 묵은 컬트 클래식 영화를 좋아했다. 그의 사무실에는 할리 데이비슨 사진이 사방에 잔뜩 붙어있었고, 〈이지 라이더〉의 포스터도 한 장 끼어있었다. 급유를 마치고 E25 이스트를 타고 가다 발레 그란 산 베르나르도로 갈라졌다. 거기서 〈이탈리안 잡〉의 유명한 산악 장면을 촬영한 전설적인 고개로 달려갔다. 2차선 도로가 골짜기를 누비다가 6개 터널을 지나 아오스타에 도착했다. 킷스턴이 그의 새카만 SV 조수석에 나를 맞아들였다. 그는 경기용 장구로 무장했고, 나는 고속 시범에 대비했다.

차를 사들인 지 11년에 주행거리 2만km. 아마 킷스턴은 다른 어떤 오너보다 많은 거리를 달리지 않았을까. "차를 쓰고 있으면 적어도 집에 있는 차고에 공간이 남으니까. 언제나 미캐닉과 함께 있기 때문이지." 액셀을 콱 밟으며 그가 농담을 했다. 고맙게도 E25는 교통량이 많지 않았다. 전에 잔프랑코 이노첸티의 소유였던 이 차는 번개처럼 동쪽으로 달렸다. 튜닝한 V12는 터널 안에서 장엄한 폭음을 토했다. 어둠 속으로 뛰어든 SV는 전방의 아득한 불빛을 단숨에 삼켰고, 난폭한 울부짖음이 F1 결승일의 모나코 터널을 떠올렸다.

킷스턴의 매끈하고 느긋한 동작이 깊은 감명을 줬다. 또다시 시커먼 구멍이 나타나 멋진 페르솔 차양을 제거할 때만 그의 오른손이 스티어링으로 올라갔다. 번쩍이는 불빛이 대형 트럭에 경고를 보냈고, 규칙적으로 에어혼이 울려 번개처럼 지나가는 미우라에게 알려줬다. 385마력 SV는 고속에서 안정되고 평탄했다. 초기 P400이 흔히 비난을 받던 노즈 리프트는 흔적도 없었다. 킷스턴은 조용히 정신을 집중하고 회전대를 올려 치열한 최종 공세에 들어갔다. 그때 나는 힘찬 V12의 장려한

심포니에 흠뻑 빠졌고, 터널의 네온이 윤택한 앞 윙에 반사될 때 전방의 현란한 광경을 감상했다. 그럼에도 머릿속에 메아리치는 맷 먼로의 노래는 등 뒤에서 들리는 섬뜩한 불협화 합창의 즐거움을 가로막았다.

너무나 빨리 아오스타의 표지판이 번개처럼 지나갔고, E27로 올라갔다. 아르탄바즈 강을 따라 오래 기다리던 콜에 도착했다. 알프스의 로마 아오스타에서 산 오이엔 부근의 우람한 다리까지 도로는 넓고 오르막은 빨랐다. 노면이 좋았을 뿐 아니라 추월 지점이 많았다. 나는 다시 금빛 SV로 돌아와 대열을 이뤄 스피드를 올렸다. 미우라의 무게 배분, 레이스형 세팅과 낮은 무게중심이 놀라운 핸들링을 빚어냈다. 고속 코너에서 나올 때도 SV의 광폭 피렐리가 미끄러지는 기미가 전혀 없이 지고한 균형감각을 자랑했다. 그립은 끈질겼지만, 무엇보다 파워밴드가 힘차고 매끈했다. 점진적인 파워가 지속적인 공격에는 그만이었다. 저속에서 구덩이를 만나면 서스펜션이 투덜댔으나 곧 승차감이 매끈해

지면서 놀랍도록 나긋하고 세련됐다.

산 오이엔에서 옛 고갯길로 접어들었다. 몇 개 커브를 지난 뒤 갓길에 차를 세우고 영화의 오프닝 신을 확인했다. 남쪽으로 그 고가교가 뚜렷이 보였다. 킷스턴이 차를 돌려 로켓처럼 그 장면을 되살렸다. 헤어핀과 헤어핀을 전속 질주할 때 V12는 르망 프로토타입처럼 알프스를 뒤흔들었다. 곧 높은 다리 위를 달렸다. DVD가 들어가고 컴퓨터가 나와 위치가 확실한지 점검했다. 다리 난간은 더 높아졌고 철탑은 사라졌다. 하지만 틀림없이 그 자리였다.

로마 황제 클라우디우스의 명령에 따라 만든 유명한 로마 고개는 북방의 무례한 야만족을 정복하기 위해 브리타니아를 공격하는 핵심 통로였다. 그 첫 구간에는 천상의 알프스 풍경이 펼쳐졌다. 오렌지색 차가 소리 없이 화면을 쓸고 지나갔다. 산속의 급류, 윤택한 목초지와 무성한 숲이 최면을 걸어오는 퀸시 존스의 멜로디와 딱 들어맞았다. 창문을

내린 2대의 람보가 좁은 길을 치고 올라갈 때 페이스가 떨어졌다. 강에 걸린 오래된 다리를 지나 처음 만난 180도 커브에서 차를 세우고 눈앞에 펼쳐지는 장관을 감상했다. 이 산속의 낙원을 향해 총공세를 편 뒤 밖으로 나와 싱그러운 공기를 마시며 킷스턴의 노트북으로 영화의 첫 장면으로 돌아갔다.

베커먼과 미우라가 고개를 향해 올라가는 꿈같은 장면은 저명한 영국 영화감독 더글러스 슬로컴이 촬영했다. 시력을 잃을 때까지 그의 경력은 화려했다. 일링 코미디에서 〈잃어버린 방주의 약탈자들〉까지 폭이 넓다. 슬로컴은 낭만적인 장면을 필름에 담는 재능이 있었다. 〈더 팃필드 선더볼트〉의 증기기차, 〈블루 맥스〉의 1차 대전 중의 공중전, 알프스의 미우라를 멋지게 잡아냈다. 〈이탈리안 잡〉의 첫 부분을 자세히 살펴보라. 클래식한 르노 선글라스를 끼고 담배를 문 배우 로사노 브라치가 스티어링을 잡고 조심스레 운전하고 있다. 그 장면의 일부는 촬영 속도를 올린 게 분명하다. 브라치는 거의 변속을 하지 않는다. 뻣뻣한 5단 박스가 그의 침착한 모습을 망쳤을 테지만, 고지대에서 페이스를 유지하려면 잽싼 2단과 3단 변속은 불가피하다.

계곡 바닥에 있는 휴게소에서 도로는 솔숲을 뚫고 가파르게 솟아올랐다. 노면은 곳곳이 쩍쩍 갈라졌고, 도로 보수공사 때문에 앞길이 자꾸 막혔다. 하지만 일단 터널로 가는 새 도로에 들어서자 역사적인 고갯길이 재포장한 아스팔트로 이어졌다. 날카로운 산봉우리와 라크 데 툴로 가는 길이 꼬불꼬불 흘러갔다. 해가 지고 도로는 거의 텅 비었다. 그래서 다시 산길을 오르기로 했다. 2대의 미우라가 추격전을 벌였고, 헤어핀 급커브를 총알처럼 빠져나갔다. 산골짝을 뒤흔드는 V24 도로 열차의 굉음이 우리를 사로잡았다. 신선한 공기 속에서 엔진은 더욱 상쾌하게 돌아갔다. 퀸시 존스는 미우라를 타본 적이 없었다. 저 유명한 음악가가 명 테스트 드라이버 봅 윌리스와 함께 마우라를 몰고 달

간디니 센세이셔널 스타일과 마멋의 전경

완전 보기 드문 V12 엔진, 조타 ─스펙 드라이 섬프가 붙어있다

SVJ의 레이스 스타일 연료구는 독특한 느낌이다

렸다면 초반의 음악은 한층 감동적이었을 것이다.

결국 이탈리아 국경 경찰이 요란한 우리 행차를 별로 탐탁지 않게 생각했다. 우리는 거기서 하룻밤을 묵기로 했다. 고갯마루의 반쯤 얼어붙은 호숫가 호텔 알베르고 이탈리아보다 더 좋은 곳이 어디 있을까? 호텔 주인 루카 브루노드는 영화 촬영팀이 이곳에 왔을 때 10살이었다. 자기 공기총을 라프 발로네에게 빌려주던 기억이 생생했다. 발로네는 당시 악랄한 마피아 두목을 맡았다. "사격은 영 엉망이더라구. 그처럼 유명한 배운데 실망이 아주 컸지." 브루노드의 추억담. "스턴트팀이 미니를 절벽 밖으로 떨어트릴 특별 램프를 만들던 기억이 나요. 잔해를 모두 골짜기에 그냥 버려뒀지. 최근 자연을 훼손한다는 불만이 터져 나와요."

그날 밤 와자지껄한 우리 일당이 그곳 레스토랑을 독차지했다. 레드 와인과 진수성찬이 미우라와 영화의 추억을 더욱 풍성하게 했다. "1978년 우리 학교가 마련한 영화의 밤에서 〈이탈리안 잡〉을 처음 봤다구." 킷스턴이 서두를 텄다. "당시에는 쿤타치가 왕이었지. 미스터리의 오렌지색 차가 뭔지를 몰랐어요." 당장 자기가 갖고 있던 〈옵서버의 자동차 연감〉을 뒤졌다. 거기서 해답을 찾는 순간 미우라는 그의 드림카로 자리를 굳혔다. "코이스로 시작하던 시절에 너덜너덜한 P400이 미국에서 건너왔어요. 몰아보고 싶은 생각이 간절했는데 창고에 가둬버린 거예요. 허탈하더군. 1996년 아버지가 돌아가시고 그가 남긴 돈을 아껴 미우라를 한 대 샀지요. 처음 몰고 나갔다가 봉변을 당했어. 아내와 함께 단골 레스토랑에 갔는데, 대시보드 아래서 연기가 나오더군. 아내는 혼자 식사를 하고, 나는 불러온 정비기사와 함께 문제를 찾느라 정신이 없었지."

1998년 특별한 내력을 가진 SV로 격상했다. "최후의 미우라라고 해요. 루이지 이노첸티가 아들 잔프란코의 21회 생일을 위해 주문한 차였어요." 특별 주문 항목에는 크롬 그릴과 범퍼, 요타형 주유구와 튜닝한 엔진이 들어있었다. 네로 메탈리카토 컬러에 비앙코 라테 가죽 내장을 한 이노첸티 2세의 꿈의 선물은 사방을 돌아다녔다. 프랑스의 생트로페로 자주 휴가 여행을 다녀왔다. 1974년 쿤타치와 바꿨다. "미우라만큼 빠르지 않더군." 이노첸티의 회고담. 학생 시절 킷스턴은 곧잘 알파 스파이더를 몰고 이 고개를 넘나들었다. 스테레오로 '이런 날들'을 쾅쾅 울려대며 헤어핀에서 헤어핀으로 휘몰아쳤다. "미우라를 궁극적인 드라이브에 몰고 나오는 것은 내 꿈이었지. 12년이 지난 오늘이야말로 드디어 그 경지에 도달한 마법의 순간이지."

킷스턴은 미우라에 완전히 반하고 말았다. 독특한 로드스터 프로토타입을 비롯해 희귀 모델의 중개사로 미우라 레지스터 웹사이트를 시작한 주인공. 킷스턴은 60년대의 오리지널 슈퍼카 아이콘 역사의 결정판을 낼 준비를 거의 마쳤다. 저녁 식사를 하면서 자신이 찾아낸 노다지로 우리의 애간장을 태웠다. 유명한 이름을 둘러싼 신화의 정체를 벗기기도 했다. "페루치오가 그 유명한 황소 이름이 세비야에서 나왔다는 말을 했지. 그런데 사육사 돈 에두아르도 페르난데스에게 물어본 적은 없었다고. 곧잘 소개되는 것과는 달리 차를 한 대 주지도 않았어요." 미우라 오너 가운데 유명인사로는 로드 스튜어트, 엘튼 존, 로커 자니 홀리데이와 블랙 새버스의 기타리스트 토니 이오미가 들어있다. 그런데 프랭크 시내트라는 없었다. "공장 기록을 샅샅이 훑어봤어요. 시내트라는 단 한 사람, 닥터 시내트라밖에 없더군. 거기서 신화가 시작됐을 거예요. 멧돼지 가죽을 사용했다는 말도 황당해요." 고산지대는 잠자기에 좋은 곳은 아니다. 한데 새벽에 눈을 떴을 때 한 쌍의 미우라가 서 있는 모습보다 더 멋진 장면을 찾기 어렵다. 그들의 숭고한 곡선미를 먼지와 매연이 덮고 있었다. 나중에 우리는 마르첼로 간디니의 스타일 걸작을 세차했다. 그때 국경 경비대원과 경찰이 몰려와 차와 함께 사진을 찍었다.

우리는 황홀한 여로의 절정을 장식하기 위해 궁극적 미우라, 과거 이란 국왕의 미우라 SVJ를 찾아가기로 했다. 그스타드 부근의 편리한 장소에 있었다. 그 화려한 스키장으로 가는 북쪽 루트는 전날과 다름없이 눈부셨다. 하지만 생베르나르 고개의 스위스 쪽 노면이 훨씬 좋았다. E27을 따라 마르티니로 내리 꽂히는 길에서 따라오는 차는 모터사이클밖에 없었다. 산길에서 미우라를 모는 것보다 더 좋은 오직 한 가지. 다른 미우라를 따라가는 것. SV의 뒤쪽 쓰리쿼터는 아무리 봐도 싫증이 나지 않았다. 근육질적인 윙이 더 넓은 센터록 캄파뇰로스 위로 뻗어 나왔다. 한 시리즈의 차가 세대를 달리하면서 스타일을 개선하는 경우는 드물다. 하지만 SV는 예외. 재치 있는 눈썹 램프 디테일은 부족할지 몰라도 팽팽하고 날씬한 자세는 휘황하게 매력적이다. 조르제토 주지아로가 늘 말하듯, 보디 디자인은 바퀴가 아치를 꽉 채울 때 훨씬 완전해 보인다. 오리지널 P400은 오버행이 너무 크고, 특히 뒤쪽이 심하다.

차가 고갯마루에서 스위스로 내리 꽂힐 때 스티어링이 살아났다. 이상하게도 빈약한 복원력이 액셀을 밟기 전 록을 푸는 급커브에서 가장 두드러졌다. 그런데 저기어 비파워 랙의 감각과 무게는 속도가 올라갈수록 뚜렷했다. 묵직한 변속처럼 산길에서 최고조에 달했다. 하지만 골짜기의 매끈한 내리막 코너에서는 거의 완벽했다. 또 섀시는 다시 가속할 때 차분히 중립을 유지했다. 미우라는 제작진이 열망했던 경주차의 혈통이 모자란다. 하지만 적어도 길에서는 언더스티어와 오버스티어를 눈부시게 요리했다. "지금까지 아찔한 순간은 단 한 번밖에 없었어요. 비에 젖은 코너에서였지." 강공 페이스로 2만km를 달린 킷스턴이 한 말.

오직 브레이크만이 감동을 주지 못했다. 페달이 무감각했다. 꽉 밟아도 거의 물지 않았다. 큼직한 걸링 디스크는 제 구실을 했다. 거듭

내리막 헤어핀을 돌파한 뒤에도 페이드 기미가 보이지 않았다. 하지만 전혀 자신감을 불어넣지 못했다.

SVJ 섀시 678은 미우라 역사 속의 전설. "이란 국왕이 특별한 것을 바랐고, 어떤 대가도 지불할 준비를 한 거예요." 월리스의 회고담. 그는 1971년 기본형 SV를 사서 군살 없는 요타 스타일로 개조했다. 앞뒤에 브레이크 환기구를 만들었고, 페르스펙스 커버를 씌운 고정 헤드램프를 추가했다. 경주차형 주유구, 앞 오일쿨러, 친스포일러와 단일 팬터 그랩 와이퍼가 한층 광을 냈다. 직통 배기관이 짐칸을 줄였고, 엔진 사운드를 난폭한 포효로 바꿨다. 현재 스위스에 있는 SVJ의 집은 아주 적절하다.

이란 국왕은 로소 그라나다 메탈리차토 미우라를 생 모리츠의 별장으로 보냈기 때문. 피렐리의 특수 스터드 스노타이어를 신겼다. 월리스에 따르면 이란 비밀경찰이 차를 인계하기 전에 면밀히 검사했다. 그런데 국왕은 알프스에서 딱 한번 몰아본 뒤 테헤란으로 갔다. 니아바란 궁전에 둥지를 튼 SVJ는 곧잘 차가 없는 새벽의 고속도로에 나가 한계에 도전했다. 그럴 때면 장갑 벤츠 6.9 대열이 뒤따랐다. 루머에 따르면 정비를 위해 이란공군이 이탈리아로 실어왔다. 1979년 혁명 뒤 이란 친위대 무스타짜핀이 국왕의 다른 차량 3천대와 함께 미우라를 몰수했다.

그 뒤 SVJ의 오너에는 영화배우 스타 니콜라스 케이지도 들었다. 최근 킷스턴 SA를 통해 이탈리아 수집가에게 팔렸다. 지금은 포이터조이에서 에리히 피흘러와 함께 보존돼 있다. 콜 뒤 피용 가까이 있다. 방금 회사에서 물러난 람보의 테스트 드라이버 발렌티노 발보니가 우리와 함께 했다. SVJ의 경이적 스피드를 그보다 더 잘 보여줄 사람이 있을까? 킷스턴이 그를 스위스로 초청했다. 앞으로 나올 그의 저서와 함께 내놓을 특별 DVD를 만들기 위해서. 당시의 제왕은 쿤타치인데도 18세의 발

보니를 감동시킨 모델은 미우라. 그래서 마을 신부와 함께 산타가타의 람보르기니를 방문해 일자리를 알아봤다. 호감이 가는 텁석부리가 눈부신 백색 실내에 들어갔다. 그리고 먼저 머리를 매만졌다.

한편 나는 오도미터에서 주행거리 6천km를 확인했다. 발보니는 시범운전의 재미를 한껏 즐겼다. 시리즈 최고가의 스티어링을 잡고도 아주 느긋했다. 람보를 내리밟고 콜의 정상으로 올라갈 때 고속 코너에서 힘들이지 않고 가속했다. SVJ와 SV는 파워에 별 차이가 없다. 하지만 SVJ 4개 파이프의 강렬한 포효는 SV를 압도하는 속도감을 빚어냈다.

돌아올 때 우리는 자리를 바꿔 그스타드까지 2대의 SV를 추격했다. 조수석에 앉은 베테랑을 믿고 나는 중독성 높은 아우성과 가차 없는 충동을 최대한 살리지 않을 수 없었다. 변속, 스티어링과 브레이크가 모두 갓 공장에서 나온 것처럼 예리했다. 해질녘의 산길에서 미우라 2

테스트 드라이버 발보니는 SVJ를 몰고 필론까지 총알같이 달렸다

대를 추격하는 재미는 드라이빙의 정수 바로 그것이었다. 그러나 최고의 순간은 시내 터널 입구에서 닥쳐왔다. 3명의 드라이버가 모두 속도를 늦춰 2단에 들어갔다. 발보니와 나는 서로 마주 보며 씩 웃었다. 동시에 파워 윈도 스위치를 눌렀다. 터널을 뒤흔드는 굉음은 믿을 수 없었다. 출구를 향해 돌진할 때 배기관을 빠져나오는 불길과 함께 클라이맥스에 달했다. V36의 대합주에 맷 먼로의 멜로디는 자취를 감추고 말았다.

킷스턴 SA, 그스타드와 발렌티노 발보니에게 감사드린다.

글·믹 월시(Mick Walsh)
사진·토니 베이커(Tony Baker)

미우라와 함께 한 아름다운 여정

로마로 가는 고속도로의 샛노란 SV 곁에는 이탈리아 경찰차가 따르고 있었다. 다행히 우라칸 경찰차를 몰고 있던 교통경찰은 온통 함박웃음을 띠고 있었다. 제한속도를 위반할까 봐 매의 눈으로 지켜보기는커녕, 오히려 빨리 달리라고 부추겼다. 길가에는 수천수만 군중이 이탈리아 깃발을 흔들며 스마트폰 셔터를 눌러댔다. 우리가 통행료를 내기 위해 속도를 늦추자 반대편 미니버스에서 고함이 터졌다. "비바, 람보르기니!"(람보르기니, 만세!).

이번 행사는 '미우라 투어'(Miura Tour) 창설 이벤트. 25대의 클래식 람보르기니가 4일간 북부 이탈리아를 일주하는 모험 행진이었다. 여기에는 멀리 일본과 미국에서 날아온 미우라도 끼어있었다.

25대의 미우라라면 별로 많지 않다고 생각할 수 있다. 하지만 이 상징적인 쿠페는 1966~1973년에 800대밖에 나오지 않았다. 게다가 지금 남아있는 차는 불과 400대에 불과하고, 이벤트에 참가하는 미우라의 일부는 그중 최고로 꼽힌다.

1966년 브뤼셀 모터쇼에서 오리지널 미우라가 첫선을 보였다. 그때 미우라는 세계에서 최고속 양산차로 이름을 날렸다. 라이벌인 페라리 275를 날려버렸고, 뒤따르던 재규어 E-타입에 매연을 뒤집어 씌웠다. 미우라는 미드십 V12 엔진을 갖춘 특별한 차였다. 당시 로드카로는 획기적이었다. 이탈리아 명문 베르토네의 보디를 입은 미우라는 높이가 겨우 1040mm 남짓이어서 입이 쩍 벌어지도록 늘씬했다.

한 번쯤 미우라를 몰고 싶다는 것은 슈퍼카를 아는 오늘날 모든 사람의 소망이다. 람보르기니 창업자 페루치오 람보르기니가 미우라를 내놓고 자동차계에 일대 충격을 준 뒤 슈퍼카가 얼마나 발전했는가를 잘 보여주기 때문이다.

브레이크와 스티어링은 영 어울리지 않았고, 실내는 그대로 온실이었다. 게다가 그 안이 달아오를 또 다른 이유가 있었다. 람보는 미우라에

2개의 냉각팬을 달았다. 그중 하나는 실내가 너무 뜨거워지면 루프의 스위치로 수동 조작해야 하는 팬이었다.

따라서 나는 낙관적인 속도계가 아니라 수온계를 지켜보며 달렸다. 교통체증에 걸리면 즉시 갓길로 빠지라는 지시를 받았다. 그래서 우리를 에스코트하던 경찰은 교차로에서 우리 앞차를 옆으로 몰아내느라 진땀을 뺐다.

나는 낙관적인 속도계가 아니라 수온계를 노려보며 미우라를 몰았다

　게다가 좌석을 조절할 방법이 없었다. 클러치 동작은 힘들었고, 모든 미우라는 믿을 수 없을 만큼 시끄러웠다. 도대체 어디서 매력을 찾아야 할지 막막했다.

　"나는 이 차를 38년 동안 갖고 있었다." 런던에서 온 크리스 우드가 설명했다. "우리 숙모가 투자하라고 돈을 얼마쯤 줬고, 나는 그 돈으로 람보르기니를 샀다. 그러자 우리 가족이 나를 완전히 따돌렸다. 미우라는 아주 특별한 차다. 너무 아름다울 뿐 아니라 모든 미드십 슈퍼카의 청사진이었다. 나는 업그레이드한 E-타입도 갖고 있었다. 람보르기니는 내 아내였고, 재규어는 내 애인이었다."

영국 체스터에서 온 이언 티렐은 클래식카 딜러. 그가 갖고 있는 '몇 대'의 미우라 중 한 대는 영화 〈이탈리안 잡〉의 오프닝 신에 등장했다. 그 차는 현재 300만파운드(약 45억8400만 원)로 나왔다. "나는 10살 때부터 미우라광이었다." 티렐의 말. "지나가는 V12 에스파다의 굉음에 완전히 사로잡혔다. 내가 처음 미우라를 몰았을 때와 마찬가지로 요즘의 미우라 엔진 사운드에 끌린다. 그에 맞설 상대가 없었다. 시대를 멀리 앞서갔다."

그 뒤 수십 년 간 미우라 값은 무풍지대에 갇혀있었으나, 최근 몇 년 사이에 갑자기 치솟았다. 람보르기니의 전반적 인기 상승을 반영했다. 복원

작업을 하려면 80만파운드(약 12억2240만원)가 들어간다. 그리고 로드 스튜어트 경의 미우라는 120만파운드(약 18억 3360만 원)에 나왔다.

"미우라는 몰고 다녀야 한다. 그렇지 않으면 곪고 시들게 마련이다." 티렐의 설명. "자산의 일종으로 차고에 갇혀 있을 기질이 아니다."

이탈리아에서 클래식 페라리를 몰아보면 오래 기억에 남는다. 한데 미우라를 몰고 이탈리아를 돌아다니는 것은 꿈이다. 람보르기니는 그 드라이버를 명사의 반열에 올려놓는다. E-타입과 마찬가지로 자연의 힘이다. 페라리 250 GTO와 애스턴 마틴 DB5를 합친 것과 같다.

나는 일본어를 할 줄 모른다. 그러나 도쿄에서 몰고 온 미우라를 내 바로 옆에서 타고 있던 일본 오너도 똑같은 반응을 보였다. 그는 엄지를 추켜세우고 빙그레 웃었다. 마치 처음으로 람보르기니 V12 사운드를 들은 10살짜리와 같았다.

미우라의 디자이너를 만나다

지안 달라라는 눈물이 글썽했다. 이탈리아인들의 자동차에 대한 열정을 의심하는 사람이 있는가? 그러면 람보르기니 미우라의 오리지널 디자인 총책과 5분만 대화를 가져보라. 그러면 모든 의심이 싹 가시고 말 것이다.

달라라는 봅 월리스·파올로 스탄자니와 함께 미우라 개발에 총력을 다했다. 1960년대 초 젊은 디자이너로 짜인 달라라팀은 밤늦도록 P400 프로토타입 작업에 몰두했다. 나지막한 보디는 베르토네의 거장 마르첼로 간디니가 다듬었다.

"우리는 아직 풋내기에다 이상에 빠져있었고, 높은 사람들의 눈길을 끌려고 몸부림치고 있었다." 달라라의 회고담. "창업자 람보르기니는 우리 디자인에 큰 신뢰를 보내고 있었다. 한데 우리가 들고 나온 디자인은 그가 예상했던 것보다 더 급진적이었다."

뒤이어 달라라(79세)는 프랭크 윌리엄스(F1 윌리엄즈팀의 오너)를 위해 경주차를 만들었다. 그 회사는 F1과 인디카의 섀시 디자인이 전문이었다. 우리가 만났던 파르마 교외의 한 건물에서 지금도 영업을 하고 있다.

"미우라는 누구나 감동하지 않을 수 없는 차다. 무엇보다 50년이 지난 지금도 젊어 보인다는 사실이 인상적이다. 미우라의 브레이크와 스티어링은 최신형과는 도저히 경쟁할 수 없지만 스타일은 짜릿하다."

달라라에 따르면 디자인팀은 미드십 레이아웃을 완성하기 위해 또 다른 시도를 했다. 4기통 미니 엔진을 뒤쪽에 달고 시험했다. "극복해야 할 문제가 아주 많았다. 특히 캠샤프트를 처리하기 어려웠다. 솔직히 미우라는 1966년 시장에 나갈 준비를 마치지 않았다. 하지만 고객들은 이미 받아들일 채비를 마쳤다. 그래서 페루치오 람보르기니는 생산 개시 명령을 내렸다."

글·제레미 테일러(Jeremy Taylor)

쿤타치 : 우주에서 온 슈퍼카

람보르기니 쿤타치를 이해하기 위해 꼭 이 차를 몰아봐야 할 필요는 없다. 매번 차가 당신을 압도할 테니까. 진부한 표현이지만 사실이 그렇다. 람보르기니 쿤타치는 1970년대 전 세계 청소년들이 침실 벽에 붙여놓고 꿈꾸는 슈퍼카였다. 생각해보니 1980년대에도 상당기간 그랬다. 다른 어떤 자동차도 쿤타치처럼 많은 사람들에게 순수한 경이감을 불러일으키지 못했다. 이 차는 지금도 특정 연령대의 사람들에게서 원초적인 반응을 유발한다. 그만큼, 4대에 걸친 쿤타치를 한자리에 모아, 각각을 보고 듣는 것은 숨막히는 경험이다.

이만큼 특별한 분위기를 몰고 다니는 차는 거의 없다. 현재 쿤타치가 이국적으로 보인다면, 1971년 3월 제네바 모터쇼에서 오리지널 LP500 프로토타입이 모습을 드러냈을 때 어떤 반응이었을지 상상해 보라. 미국 자동차 잡지 〈로드&트랙〉은 다음과 같이 기술했다: '쿤타치는 토리노 고유어로 "어머나 세상에" 또는 "하느님 맙소사"를 뜻하는 감탄사이다. 그리고 이 차는 확실히 그 말을 떠올리도록 만든다. 이 극적인 자동차의 잠재력은 시속 300km에 이른다. 만약 양산에 이르지 못한다면, 그러고도 남을만한 요소들을 가졌기 때문이다.'

하지만 쿤타치는 양산에 돌입했다. 그렇게 함으로써 람보르기니는 페라리에게 은유적으로 가운데 손가락을 세웠다. 5년 앞서 미우라로 그리 했던 것처럼. 필요성은 타협의 어머니이지만, 쿤타치는 제 역할을 다하기 위해 다수의 스쿠프와 덕트를 적용했다. 이러한 추가 요소들은 다른 세계에서 온 탈것의 분위기를 더욱 고조시켰다. 그럼에도 불구하고, 이 차를 동시대 물건들과 정말로 차별화시킨 것은 놀라운 외관의 안쪽에 숨어있는 것이었다.

다관형 스페이스 프레임은 추가 튜브 구조로 알루미늄 차체를 지지하는 동시에 롤 케이지 역할을 했다. 앞쪽 서스펜션은 위시본과 코일이고, 유사한 배치의 뒤쪽 서스펜션은 좌우에 각각 트윈 코일오버 유닛을 적

용했다. 그리고 올 알루미늄의 V12 쿼드캠 엔진을 탑재했다. 지오토 비자리니가 구상하고 지안 파올로 달랄라가 정제한 이 보석은 가로배치의 미우라와 달리 세로 배치로 얹혔다. 수석 엔지니어 파올로 스탠자니는 엔진 앞에 변속기를 배치했다.

특이하지만, V12가 연료 탱크 및 라디에이터와 함께 휠베이스 안쪽에 수용되도록 한 것이다. 엔진의 무거운 부품인 플라이휠은 자동차의 무게중심에 가장 가깝게 자리했다. 이는 패키징의 걸작이고, 동일한 기본 템플릿은 20년 동안 거의 변하지 않았다. LP400(Longitudinale Posteriore 4 Litro)이 생산되기 시작할 무렵인 1974년 이탈리아는 심

각한 산업 및 정치적 불안 속에 있었고 창업자인 페루치오 람보르기니도 없었지만 람보르기니는 이를 감행했다.

그럼에도 불구하고, 이 차는 1977년까지 약 150대 만들어졌다. '우리' 자동차는 1976년 10월 납품된 한 대다. 멋진 마론 메탈리자토(메탈릭 브라운) 색조로 찬란하게 빛나는 이 차는 상상했던 것처럼 1970년대 쾌락주의의 완벽한 상징으로서 놀라운 자부심을 풍긴다. 예상 밖인 LP400의 크기는 사진을 통해 제대로 전달할 수 없다. 마음의 눈으로 보면 쿤타치는 큰 차다. 하지만 요즘의 '작은' 해치백 대부분과 비교하면 확실히 아담해 보인다.

시저 도어는 람보르기니의 상징이 되었다

LP400은 충격을 줄 수 있는 힘을 잃지 않았다. 이 무리에서는 가장 정갈한 차지만, 이 차를 그렇게 특별하게 만드는 것은 바로 스타일링의 순수함이다. 다른 플라스틱 부록은 말할 것도 없고, 다음 모델부터 반복 적용된 돌출 범퍼가 없는 이 차는 여전히 오리지널 제네바 쇼카를 연상시킨다. 베르토네의 수석 디자이너 마르첼로 간디니는 이 차에 전부를 걸었고, 그의 초기 알파로메오 카라보 콘셉트의 요소들이 여기에 맞게 걸러졌다. 그는 이미 정해진 자동차 디자인 규칙을 무시하거나 어기고 있었다. 그의 작품임을 알아볼 수 있는 형태로 조각된 리어 휠 아치가 딱 들어맞는 사례다.

그리고 양 측면에는 NACA 덕트가 있다. 다른 무엇보다도, 도어 열림 버튼과 도어를 위쪽으로 기울일 때 지지할 수 있는 자리를 제공한다. 이런 디테일을 넣은 앞을 잃고 보다 보면 시간 가는 줄 모른다. 그렇긴 하지만 LP400 실내에 들어서면 미칠 것 같다. 기계적인 패키징을 우선시한 타협의 결과가 너무나 명백하다. 실내가 비좁다. 디자이너들과 엔지니어들은 차체와 섀시를 결합한 후에야 서로 상의를 시작한 것 같다.

머리 공간은 협소하고 얇은 패딩 시트의 각도 조절은 도움 되지 않는다. 리어 벌크헤드가 딱 붙어있다. 풀다운 도어의 하단 아래에 위치하는 엉덩이는 도어 실과 높은 중앙 콘솔 사이에 단단히 끼이게 된다. 휠하우스도 실내를 파고든다. 즉, 페달들이 거의 겹치다시피 놓여있고 수직에 가까운 스티어링 휠은 사실상 무릎 위로 자리한다. 중요한 건, 일단 타고나면 탄 상태가 된다는 것이다. 그리고 솔직히, 3929cc 엔진이 깨어나는 소리만 들어도 LP400의 모든 것을 용서할 수 있다.

키를 돌리면 트윈 전기 연료 펌프가 요란하게 재잘거린다. 그 소리가 잦아들 때 반 바퀴를 더 돌리면 우당탕! 이 자동차의 모든 면과 마찬가지로 람보르기니에서는 미묘함이란 없다. 설사 375마력의 출력이 약간이나마 부풀려진 것이라고 해도 말이다. 하지만 LP400 또는 더 나아가

어떠한 쿤타치든 간에 저속으로 운전하는 것이 고역이라는 사실은 간과할 수 없다. 랙 앤 피니언 스티어링은 엄청난 무게 때문에 힘들다. 그리고 클러치는 강하고 점진적인 물림을 가지고 있지만 그 무게 때문에 다리에 쥐가 날 지경이다. 작동 거리가 긴 스로틀도 무거운데, 여기에는 여러 개의 카뷰레터 트럼펫이 연결되어 있다.

하지만(중요한 '하지만'이다) 일단 그것을 움직이게 하면 LP400의 무게감이 눈에 띄게 줄어든다. 놀랍도록 다루기 쉬우며, 가차 없는 가속력과 선형적인 토크 증대가 특징적이다. 낮은 회전수 영역부터 분출되며, 여섯 쌍의 트윈 초크 베버 카뷰레터가 빨아들이고 콸콸거리는 소리에 취하게 만든다. 2000rpm 이후 엔진은 부드럽고 매끄러운 출력을 제공하며, 성능이 매우 우수하다. 속도가 붙을수록 도그 레그 변속기가 묵

직해지지만 변속 동작은 명확히 정의되어 있다. 브레이크 역시 두 번째로 사용할 때 더 빨리 반응하긴 하지만 강력하다.

LP400은 운전자의 절대적인 관심을 요구한다. 그것에 대해 잘 알게되면 보상을 받을 것이다. 핸들링의 경우, 후속 버전에 비해 사이드 월이 높은 타이어를 끼우고도 꽤 정밀하다. 어떤 슈퍼카들은 결과가 나올때마다 중단된 느낌이 들지만, 그런 차도 좋지 않다.

여기서는 신경이 뒤섞이지 않는다. 이전에 경험한 바에 따르면 이 모델은 시속 210km에서도 똑바로 날아간다. 튀거나 앞이 들뜨지 않는다. 최고 기어에서는 1000rpm마다 42km/h씩 높아지니 이제 겨우 시작 단계에 접어든 것이다.

사실 람보르기니도 이게 시작이었다. 뒤이어 과격한 LP400S를 내놓

았다. 1974년으로 거슬러 올라가면 세 번째로 제작된 쿤타치가 오스트리아 출신 캐나다인, 월터 울프에게 인도되었다. 하지만 그는 만족하지 않았고 더 많은 것을 원했다. 그는 달랄라로 하여금 자신의 비전을 실현하도록 하는 동시에, 오랫동안 기다려온 저편평비 P7 타이어를 완성토록 피렐리를 졸랐다. 간디니를 고용해 휠 아치를 확장하고 새로운 스포일러 및 범퍼를 구성토록 했다.

키를 돌리면 트윈 전기 연료 펌프가 요란하게 재잘거린다. 그 소리가 잦아들 때 반 바퀴를 더 돌리면 우당탕! 이 자동차의 모든 면과 마찬가지로 람보르기니에서는 미묘함이란 없다. 설사 375마력의 출력이 약간

이나마 부풀려진 것이라고 해도 말이다. 하지만 LP400 또는 더 나아가 어떠한 쿤타치든 간에 저속으로 운전하는 것이 고역이라는 사실은 간과할 수 없다. 랙 앤 피니언 스티어링은 엄청난 무게 때문에 힘들다. 그리고 클러치는 강하고 점진적인 물림을 가지고 있지만 그 무게 때문에 다리에 쥐가 날 지경이다. 작동 거리가 긴 스로틀도 무거운데, 여기에는 여러 개의 카뷰레터 트럼펫이 연결되어 있다.

하지만(중요한 '하지만'이다) 일단 그것을 움직이게 하면 LP400의 무게감이 눈에 띄게 줄어든다. 놀랍도록 다루기 쉬우며, 가차 없는 가속력과 선형적인 토크 증대가 특징적이다. 낮은 회전수 영역부터 분출되며,

여섯 쌍의 트윈 초크 베버 카뷰레터가 빨아들이고 콸콸거리는 소리에 취하게 만든다. 2000rpm 이후 엔진은 부드럽고 매끄러운 출력을 제공하며, 성능이 매우 우수하다. 속도가 붙을수록 도그 레그 변속기가 묵직해지지만 변속 동작은 명확히 정의되어 있다. 브레이크 역시 두 번째로 사용할 때 더 빨리 반응하긴 하지만 강력하다.

LP400은 운전자의 절대적인 관심을 요구한다. 그것에 대해 잘 알게 되면 보상을 받을 것이다. 핸들링의 경우, 후속 버전에 비해 사이드 월이 높은 타이어를 끼우고도 꽤 정밀하다. 어떤 슈퍼카들은 결과가 나올 때마다 중단된 느낌이 들지만, 그런 차도 좋지 않다.

여기서는 신경이 뒤섞이지 않는다. 이전에 경험한 바에 따르면 이 모델은 시속 210km에서도 똑바로 날아간다. 튀거나 앞이 들뜨지 않는다. 최고 기어에서는 1000rpm마다 42km/h씩 높아지니 이제 겨우 시작 단계에 접어든 것이다.

사실 람보르기니도 이게 시작이었다. 뒤이어 과격한 LP400S를 내놓았다. 1974년으로 거슬러 올라가면 세 번째로 제작된 쿤타치가 오스트리아 출신 캐나다인, 월터 울프에게 인도되었다. 하지만 그는 만족하지 않았고 더 많은 것을 원했다. 그는 달랄라로 하여금 자신의 비전을 실현하도록 하는 동시에, 오랫동안 기다려온 저편평비 P7 타이어를 완성토록 피렐리를 졸랐다. 간디니를 고용해 휠 아치를 확장하고 새로운 스포일러 및 범퍼를 구성토록 했다.

시동과 가속 추진력은 원작처럼 극적인데, 훨씬 더 떠들썩해 보인다. 그러면서도 더 팽팽하게 느껴진다. 차체가 쏠리는 기미조차 없지만, 좋지 않은 노면에선 평정을 잃어 굳어진 아스팔트에 세게 부딪치고 흔들거린다. 그래도 스티어링은 놀랍다. 숨 막히게 즉각적인 반응이 이전 차량보다 훨씬 좋다. 두터워진 휠은 손 안에서 배배 꼬지 않는다. 초조하게 느껴지지 않는다. 힘찬 4피스톤 브레이크 설정은 매우 효과적이다.

1980년대 초, 람보르기니가 파산 직전이었던 것을 상기할 필요가 있다. 하지만 자본이 전혀 없음에도 불구하고 1982년 LP500S(5000S로도 알려짐)를 공개했다. 마세라티에서 온 줄리오 알피에리의 엔지니어링 실력에 힘입어 쿤타치는 슈퍼카 세계에서 명맥을 유지할 수 있었다. V12는 보어와 스트로크를 늘려 4753cc가 됐고 압축비가 낮아졌으며 더 큰 베버 45DCOE 카뷰레터가 적용됐다. 북미 시장 요구도 충족시켰다.

블루 아카풀코로 마감된 '우리의' 1984년 차는 물리적으로 LP400S와 유사하며, 실내 아키텍처도 거의 변경되지 않았다. 다만 사각 비너클의 계기판 레이아웃이 다르다. 계기는 여전히 눈에 들어오지 않지만 다른 이유로 재배치되었다. 에어컨도 생겼다. 옵션이지만 실내가 밀폐된 듯해서 필수였다.

이전 모델보다 더 긴 기어가 적용되고 약간 더 무거워졌지만 차이점을 구별하기 어려울 것이다. 정지 상태에서 시속 97km까지 가속하는 데 걸리는 시간은 4.8초로 여전히 격렬하게 빠르다. 요즘 기준으로는 그리 빨라 보이지 않지만 예전과 마찬가지로 쿤타치가 가속하는 광경은 인상적이다. 그리고 플랫 플레인 크랭크 소리를 가진 대다수의 현대적 슈퍼카들과 달리 쿤타치는 합창 같은 소릴 낸다. 대략 3000rpm부터 목을 풀기 시작해 3500~5500rpm에서 진성을 들려준다. 이론상으로는 8000rpm까지 돌릴 수 있지만 그전에 대화가 힘들어진다.

LP400S와 마찬가지로 그립 수준은 대단하다. 제동력과 몹시 재빠른 조향도 여전하다. 식별 가능한 유일한 차이점은 스로틀 페달 하중이 보다 고르게 배분되어 조절이 쉬워졌다. 종합적으로는 여전히 구식 슈퍼카임이 분명하지만 후속 차량은 정말 흥미로운 점이 있다. 콰트로발보레. 페라리는 1984년 390마력으로 알려진 테스타로사를 내놓아 맞불을 놓았다. 람보르기니는 황급히 대응했고, 알피에리는 V12의 배기량을 5167cc로 높이는 한편 헤드에 실린더당 4 밸브를 넣는 요술을 부렸다.

일부 다른 개량과 함께, 이 변경된 엔진은 7000rpm에서 순수한 455마력의 출력을 내고, 5200rpm에서 51kg·m의 토크를 실현했다. 1985년 제네바 살롱에서 소개된 이 새로운 변종은 진가를 진정하게 발휘했다. 그러나 람보르기니는 멈추지 않았다. 25주년 애니버서리 차례다. 1987년 6월 크라이슬러가 람보르기니를 인수한 직후 이 주제에 대한 가장 급진적인 논의가 시작되었다. 지금까지도 이에 대한 찬반 의견이 분분하다. 그럼에도 불구하고, 1988년부터 90년까지 660대가 판매되며 전체를 통틀어 가장 많이 팔린 쿤타치 자리에 올랐다.

여기 사진에 있는 자동차는 검은색 차체가 확실히 불길하게 보이고, 이것이 바로 그 시대의 산물이라는 사실을 보여준다. 변신을 담당하는 팀은 호라시오 파가니가 이끌었고 슈퍼카 스타일링의 모든 상투적인 표현이 쿤타치에 던져졌다. 필수적인 스트레이크들이 적용된 앞 범퍼와 스포일러는 비교적 재미없게 보인다. 냉각 스쿠프는 후면 데크 위에 위치하며 (이전 미국 사양 차량에 사용된 것처럼) 수정된 테일라이트 클러스터까지 이어진다. 그리고 사이드 스커트에 더 많은 스크레이크가 있고, 뒤 범퍼는 두툼하다.

변덕스러움은 실내에도 계속된다. 럭셔리하다고 할 수는 없겠지만, 최신 모델은 폭이 넓고 전동 시트를 갖추고 있어 약간 덜 까다로운 운전 자세를 찾을 수 있다. 아, 그리고 운동이 쉽지 않은 이들을 위해 톨게이트 전용 창문은 전동으로 작동한다. 하지만 25주년 애니버서리 모델은 48밸브 엔진 덕분에 운전이 상당히 재미있다. 이전 쿤타치들에 비해 소리가 약간 부드럽게 들리지만, 여전히 신중함과는 거리가 멀다. 기어에서 나오는 고음의 윙윙거림과 함께 흡기 굉음과 배기 팡파르가 중첩되어 있다. 한 번만 운전해보면 모든 폭발 행정이 구분되어 들린다고 말할 수 있을 것이다.

예상대로, 이 차 역시 리무진 같지 않은 승차감에 시달린다. 기대하지

않았겠지만 고무 인슐레이션이 없다. 하지만 25주년 애니버서리 모델은 형님들보다 지형적인 불쾌감에 더 영향을 받는 것 같다. 이전 모델과 비교하면 서스펜션 변경은 상대적으로 적은데, 대부분은 좀 더 현대적인 피렐리 P 제로 타이어를 채택한 것과 관련 있다. 노면을 타는 경향이 나타난다. 저단 기어로 굽잇길을 돌 때는 언더스티어가 확연하지만 스티어링은 다른 차들처럼 멋지게 설정됐다. 브레이크는 페이드 걱정 없이 안심할 수 있을 정도로 강하게 유지된다.

쿤타치와 함께 람보르기니는 "고장 나지 않았다면 고치지 말라"는 태도를 고수했다. 그리고 설사 그것이 약간 고장 났다고 해도, 너무 많이 건드리지 않는 편이 나았다. 그것은 회사 사정에서 비롯된 것이긴 해도 올바른 접근이었다. 쿤타치는 자연 수명보다 더 오래 지속된 탁월한 성능의 자동차였으며 지금도 그 자리를 지키고 있다. 쿤타치는 페루치오 람보르기니가 여전히 많은 책임을 맡고 있었던 1969년 고안되었고, 연이은 소유권 변경과 부도를 견뎌냈으며, 밈란가의 관리 하에 훌륭하게 변신했고, 크라이슬러 산하에서 마지막 만세를 누렸다.

대중문화에도 스며들게 되었고, 그 속에서 일류로 자리 잡았다. 쿤타치는 1970년대와 80년대 아이들에게 차 이름을 올바르게 발음하는 방법에 대해 논쟁하며 시간을 보낼 기회를 제공했다. 그것에 대해, 우리는 영원히 감사할 것이다.

이제 50번째 생일을 기념하게 되었으니 쿤타치가 운전하기에 최고의 슈퍼카가 아니라는 점을 인정하고 넘어가자. 최고는커녕 가깝다고 할 수도 없다. 그러나 이 차는 운전하기 가장 위대한 슈퍼카의 후보다. 그것은 미묘한 차이지만 그럼에도 불구하고 가장 두드러진 차이이다.

글·리처드 헤즐틴(Richard Heseltine)
사진·(Rémi Dargegen)

전설의 증언 : 간디니가 말하는 쿤타치의 탄생

마르첼로 간디니는 자동차 디자인의 거물이었고 지금도 그렇다. 자신의 경력에 대해 말을 아끼기로 유명한 그이지만, 쿤타치에 대해서는 큰 애정을 갖고 있다.

"아주 짧은 시간 내에 이루어졌다."라고 그는 회상한다. "페루치오 람보르기니는 미우라를 대체할 무언가를 만들고 싶었다. 오토모빌리 람보르기니가 어떻게 미래를 지향하는지 보여주기 위해서는 진보적이고 혁신적인 무언가가 필요했다. 우리 베르토네 사람들은 그의 바람에 부응할 준비가 되어 있었다. 각진 선과 표면을 구성하는 새로운 스타일링 트렌드는 우리에게 익숙한 것이었다."

"그러나 가장 큰 차이점, 그리고 모든 공적을 람보르기니가 가져간 이유는 다른 콘셉트 카들이 그러지 못할 동안에 쿤타치는 양산에 들어갔다는 점이다." 그는 말을 이었다. "(1971년 3월) 제네바에서 LP500을 선보이기 전 약 8개월간의 작업 기간이 주어졌다. 우리는 내내 시간을 다투었지만, 그것은 지극히 일상적이었다. 기술적인 레이아웃과 혁신적인 무언가를 원하는 페루치오의 바람만 제외하면, 나는 완전히 자유롭게 작업했다. 오리지널 시제품은 가장 아름다운 쿤타치였지만 도로용으로 판매하기 위해서는 약간의 개조가 필요했다. 이로 인한 변화는 그다지 크지 않았다."

쿤타치라는 이름의 기원에 대해 간디니는 다음과 같이 말한다: "마지막 두 글자에 중점을 둔 그 단어는 피에몬테어 방언으로 된 감탄사이다. 문자 그대로 '전염성'을 의미하지만 긍정적인 놀라움을 표현하기 위해 사용된다. LP500 프로토타입을 '프로파일링'하는 일을 하는 베르토네의 한 남자가 이 말을 자주 했다. 여기도 쿤타치, 저기도 쿤타치, 하는 식이다. 나는 우리가 이 차를 다름 아닌 '쿤타치'로 불러야 한다고 농담하기 시작했다. (전설적인 테스트 드라이버) 밥 윌리스가 거기 있었기에 우리는 영어 발음도 확인했다. 하지만, 농담으로 시작된 일이 더 심각해졌다. 나는 그 이름이 이 차에 완벽하게 적합하다는 것을 깨달았다. 누치오 베르토네, 파올로 스탠자니에 이어 마지막으로 페루치오 람보르기니를 설득해 이 이름을 사용하도록 했다.

페루치오의 자취를 찾아서

질펀하게 퍼져나간 땅 볼로냐. 북부 에밀리아–로마냐 지방의 이쪽은 농업지대였다. 탁 트인 하늘 아래 농경지가 끝없이 펼쳐지고 때때로 초라한 오두막이 나타났다. 이탈리아를 생각할 때면 으레 토스카나의 굽이치는 산야 또는 눈부신 아말피 해변을 떠올린다. 하지만 사진기자 그리피스의 말에 따르면 적어도 지형상 이 고장은 "이탈리아의 노퍽크(영국의 지명)"다.

모데나에는 마세라티가 있다. 거기서 남쪽으로 몇 킬로미터를 달리면 페라리의 본고장 마라넬로가 나온다. 다시 동쪽으로 조금만 더 가면 산체자리오 술 파나로. 호라치오 파가니가 같은 이름의 슈퍼카 회사를 갖고 있는 곳이다. 모데나–볼로냐 간선도로를 가로지르면 산타가타 볼로네제에 들어간다. 람보르기니가 50년 동안 차를 만든 그곳에서 우리들의 하루가 시작됐다.

여기 보이는 쿤타치가 생산라인을 굴러 나온 뒤 산타가타는 크게 변했다. 먼저 아우디가 람보르기니를 관리하고 있다. 때문에 느슨하던 시절은 가고 독일식 기율이 분위기를 다잡았다. 그래도 람보르기니의 정열과 열정은 그대로 살아 있다. 쿤타치가 들어가자 종업원들이 폰카메라로 사진 찍기에 바빴다.

페루치오 람보르기니는 유명한 자기 이름으로 만든 2대를 갖고 있을 뿐이었다. 미우라 SV와 여기 나온 쿤타치 S. 쿤타치를 갖게 된 사연은 베일에 싸여 있다. 한데 자료에 따르면 이 차가 처음 등록된 1980년부터 세상을 떠난 1993년까지 갖고 있었다. 그때 딸 파트리치아에게 넘어갔다. 2005년 지금의 오너가 람보르기니 가문으로부터 직접 사들였다. 원래 빨강이었지만 페루치오의 주장에 따라 백색으로 다시 칠했다.

1916년 4월 28일 태어난 페루치오는 사형제의 맏아들이었고, 농가에서 자랐다. 제2차대전 이후 트랙터 메이커로 성공했고, 뒤이어 에어컨 제조로 사업을 확장했다. 돈을 엄청 많이 벌어 가장 좋은 차를 살 형편이

됐다. 그런데 당시 이탈리아 모델은 속이 차지 않았다. 엔초 페라리에게 클러치 고장이 잦다고 불만을 털어놨다. 그때 엔초는 스포츠카를 모른다면서 페루치오에게 트랙터나 만들라고 핀잔을 줬다. 화가 치민 페루치오는 더 좋은 슈퍼카를 만들기로 작심했다. 그래서 350GT를 만들었고, 2년 뒤 세상을 놀라게 할 미우라로 슈퍼카 제작기준을 확 뒤집었다.

미우라의 아름다움과 카리스마가 너무나 위력적이어서 후계차가 그늘에 가릴 위험이 있었다. 하지만 1971년 제네바모터쇼에 제1차 프로토타입이 나왔을 때 그런 걱정은 싹 가셨다. 마르첼로 간디니가 다시 새 차의 디자인을 맡았다. 미우라는 부드럽고 유혹적이었던 데 비해 쿤타치는 강렬하고 예리했다.

당초 개발 작업명은 프로젝트 112. V12의 5L 버전으로 미우라와는 반대로 엔진을 세로로 얹었다. 기어박스가 그 앞에 놓였다. 중앙부는 모노코크. 그러나 1973년 쿤타치가 제네바에 다시 나타났을 때 튜브형 스페이스 프레임을 썼다. 엔진 배기량은 3929cc로 내려갔고, 출력은

7500rpm에 380마력이었다.

제1세대 LP400은 1978년까지 나왔는데 그해 LP400S가 뒤를 이었다. 경영 사정이 어려워지자 1975년 터줏대감 파올로 스탄자니와 고인이 된 봅 월리스가 회사를 떠났다. 그 뒤 람보르기니는 경영난의 수렁을 헤맸다.

우리가 공장을 떠날 준비를 할 때 파비오 람보르기니가 합세했다. 그는 창업자의 조카이고 가족박물관 관장이며 빈틈없는 이탈리아 신사. 푸른 블레이저와 흰 바지를 입고 나왔다. "차와 분위기를 맞추기 위해서"라고 말했다. 부드러운 말씨에 미소를 띠었지만 조용한 카리스마가 몸에 배어 있었다. 파비오는 산타가타 북동쪽 약 20km 지점에 있는 페루치오의 고향 첸토로 우리를 안내했다. 페루치오의 첫 공장 자리가 그곳에 있었다.

사이드 스쿠프에 있는 버튼을 누르자 윙 도어가 스르르 올라갔다. 들어가는 자세는 약간 품위가 떨어졌다. 가죽이 덮인 넓은 문턱을 넘

파비오 람보르기니가 그의 삼촌 차와 함께했다

첸토 가운데에 자리한 페루치오를 위한 기념물

어 미끄러져 들어가 좌석 등받이에 몸을 붙였다. 느긋한 좌석은 믿을 수 없을 만큼 몸 받침이 좋았고, 운전 위치는 미우라보다 뛰어났다. 실내는 영락없는 1970년식으로 표면은 평평하고 곡선보다는 직선적이었다. 계기판은 카울을 쓰고 있었다. 쿤타치의 작은 다이얼과 게이지는 단일 포드에 배열됐다. 속도계와 회전계가 중앙에 자리 잡았다. 후자는 7000rpm이 옐로존이고, 8000rpm이 레드존이었다. 왼쪽에 암페어와 오일 온도계, 오른쪽에 수온계와 연료계가 있었다.

키를 첫 위치로 돌리자 등 뒤에서 엔진이 씩씩거리며 돌아갔다. V12가 예상보다 목청이 크지 않아 그리피스와 나는 다 같이 놀랐다. 요즘 새로 나오는 슈퍼카는 노트북으로 회전대를 조율한다. 쿤타치는 그런

장난을 할 필요가 없었다.

　내 여행의 제1부에서 가장 중요한 게이지는 오일 온도계였다. 바늘이 올라가기 시작할 때까지 기어 변환은 특별히 억센 손이 필요했다. 한데 솔직히 쿤타치는 위협적인 동물이 아니었다. 차 안에서 바깥이 별로 보이지 않는다는 게 가장 큰 문제였다. 전방의 코너가 저 앞에 있을 테지만 시야에 들어오지 않았다. 바로 뒤쪽에서 일어나는 광경을 조금 볼 수 있었지만 뒤쪽 4분의 3은 깜깜했다.

　오너는 쿤타치를 거의 '감으로' 몰고 다닌다고 시인했다. 하지만 도어 미러가 뚜렷한 엔진 덕트를 어지간히 보여줘 도움이 됐다. 페루치오의 부인은 쿤타치를 시내로 몰고 나가 주차하는 데 전혀 문제가 없었던 것

같은데….

좁은 이탈리아 도로에서 쿤타치의 승차감은 단단하면서도 편안했다. 굵은 스티어링을 통해 전달되는 피드백은 대단했다. 에어컨이 있었지만 냉각 효과는 별로였다. 수동식 창문은 얇은 아래쪽만 열렸고, 그 사이로 손을 겨우 내밀 수 있는 정도였다.

일단 산타가타를 빠져나오자 도로가 곧게 뻗어나갔다. 쿤타치를 몰아붙일 첫 번째 기회를 찾았다. 3단 2500rpm에 액셀이 깊숙이 내려가기 시작했다. 이따금 웨버제 카뷰레터가 재채기를 했지만 엔진 노트가 굳어지면서 앞으로 돌진했다. 4000rpm을 넘어서자 V12는 기관차처럼 끌기 시작했다.

바로 이때 도그-레그(Dog leg) 방식 기어박스의 변속 시간이 곧 닥쳐오리라 생각했다. 한데 힘찬 가속이 계속됐다. 6000rpm에서 사운드는 그냥 폭발적이었고, 람보르기니는 가차 없이 도로를 치고 나갔다

대다수 S모델은 '겨우' 358마력. 하지만 이 차를 비롯해 일부는 이전 스펙의 380마력 파워플랜트를 얹었다. 3단 기어만으로도 황당한 속도를 내기에 충분했다. 그런데 4단 또는 5단에 올라가려면 더 넓은 공간이 필요했다.

첸토 주민들은 람보르기니를 자주 봤을 테지만 쿤타치는 여전히 행인들의 미소를 자아내고 환호를 받았다. 우리가 차를 세울 때마다 난데없이 꼬마들이 뛰어나와 에워쌌다. 이 소도시의 중앙광장에 차를 세웠다. 2000년 이 광장을 페루치오 추념 장소로 지정했다. 그로부터 6년 뒤 기념물이 세워졌다. 파비오가 우리를 이끌고 숙부의 단골 레스토랑으로 갔다. 수더분한 곳이었지만 음식은 그만이었다. 안티파스티와 토르텔리를 앞에 놓고 화제는 어쩔 수 없이 페루치오로 돌아갔다.

"그는 엔초 페라리와 완전히 반대되는 인물이었다" 파비오가 설명했다.

"아주 친절했고 누구와도 이야기를 나눴다. 그 아래 일하기를 좋아하

는 사람이 몰려들었다. 종업원의 의욕을 불러일으켰고, 대우를 잘해줬
다. 돈을 많이 벌었어도 사람이 바뀌지 않았다. 지금 되돌아보면 웰링턴
부츠를 신은 농부의 기억밖에 없다. 그는 수많은 영역에서 주요한 인물
로 활약했고, 큰 성공을 거뒀다. 사실상 현역에서 물러난 적이 없었다.
언제나 무엇에 참여하고 있었다. 심지어 로마노 아르티올리와 함께 부가

티 EB110 프로젝트에 끼었다. 무언가 새로운 일에는 제일 먼저 뛰어들려 했고, 전 세계를 돌아다녔다."

파비오는 에밀리아−로마냐에서 위대한 카메이커가 그토록 많이 나온 원인이 무엇이라고 생각할까? "이곳은 농업지대다. 농기계—농기계 개선의 갈망이 체질화돼 있다. 따라서 그런 교육을 받았고, 거기서 대단한

기계공과 엔지니어가 나왔다."

페루치오는 성공한 사업가였지만, 무엇보다 먼저 엔지니어였다. 작업장에서 기계공들과 어울리는 걸 좋아했다. 우리는 가까운 곳에 있는 소박한 가족묘지를 찾아 경의를 표했다. 그런 다음 파비오와 작별하고, 첸토 서쪽 소도시에 쿤타치를 돌려줘야 했다. 물론 우리는 멀리 돌아가는 길을 골랐다. 쿤타치는 꼬부랑 시골 도로를 놀랄 만큼 능란하게 빠져나갔다. 그립은 등골이 오싹했고, 급커브에서도 차체는 평탄하고 침착했다. 이 차는 여전히 앞쪽에 원래의 205/50 V15를 신었다. 지금은 구할 수 없는 희귀한 타이어였다.

브레이크는 S에 맞춰 개선했다. 4개 캘리퍼가 더 커진 디스크를 힘차

게 잡았고, 제동력은 실로 인상적이었다. 도로 사정으로 성능을 최대한 살릴 수 없었지만, 크로스컨트리 실력은 실로 경이적이었다. 봅 월리스가 미자노 서킷에서 오리지널 서스펜션과 핸들링을 다듬은 보람이 있었다.

페루치오 자신의 쿤타치를 그 본고장에서 몰아본 것은 실로 희귀한 특권이었다. 어느 모로나 그는 비범한 인물이었고, 1970년 말 무렵을 꿇기는 해도 그가 창업한 람보르기니는 역사상 가장 뜻깊은 슈퍼카 한 대를 만들어냈다.

글·제임스 페이지(James Page)

사진·말콤 그리피스/피터 밴(Malcolm Griffiths/Peter Vann)

심지어 오늘날에도 람보르기니의 순수한 드라마에 맞설 라이벌은 드물다

1960년대 말에 들어서자 속도 경쟁에서 람보르기니는 드 토마소를 압도했다. 미우라를 앞세운 람보르기니는 챔피언으로 군림했다. 한편 라이벌 드 토마소는 그럴 수 없이 아름답고 도발적인 망구스타가 실패하자 크게 비틀거렸다. 따라서 1970년대의 반격에 기대를 걸 수밖에 없었다.

판테라 프로젝트는 알레한드로 드 토마소와 포드의 정략결혼에서 출발했다. 아르헨티나 출신의 드 토마소는 기아와 비냘레를 지배하고 있었고, 포드는 쉐보레 콜벳에 맞서고 메이커를 빛낼 스포츠카가 절실했다. 당연히 포드는 드 토마소에게 V8을 넉넉히 공급하겠다고 다짐했다. 200만 달러(약 22억 원)를 투자할 뿐 아니라 링컨-머큐리 딜러망을 드 토마소에 개방하겠다는 조건을 내걸었다. 그러나 시간표는 빡빡했다. 1971년 뉴욕 모터쇼에 톰 차르다가 디자인한 판테라가 첫선을 보였다. 그때 완성 단계와는 거리가 멀었다.

초기 프로토타입이 이탈리아 모데나를 떠나 미국 캘리포니아주 롱비

치의 빌 스트로프 가게에 들어왔다. 그때 이 차는 엔진과열부터 냉매가 들지 않은 에어컨에 이르기까지 부실한 곳이 많았다. 그래서 자동차 관련 매체는 품질관리가 허술하다고 떨떠름한 반응을 보였다. 그럼에도 판데라는 망구스타보다 몇 광년이나 앞섰다. 지암파올로 달라라의 섀시와 미우라를 주도했던 전직 람보맨의 힘이 컸다.

그러나 람보르기니의 과제는 더욱 벅찼다. 거의 한 개 모델로 슈퍼카 세그먼트를 이끌었던 미우라를 개선해야 할 막중한 숙제를 안고 있었다. 게다가 곧 등장할 365 GT4 베를리네타 복서를 등에 업고 재기를 꾀하던 페라리를 막아내야 했다. 1971년 3월 제네바 모터쇼에서 람보르기니는 개막 축포를 쐈다. 거기서 비범한 LP500 콘셉트를 선보였다. 앞으로 쿤타치 LP400이 될 차였다. 심지어 판테라보다 새차의 탄생과정은 더 복잡했다. 프로토타입의 세미 모노코크는 포르쉐 917을 연상시키는 튜브형 스페이스 프레임으로 바뀌었다. 한편 세로형 V12는 배기량이

5.0L에서 4.0L로 줄었다.

1970년대의 카디자인에서 쐐기형은 왕이었다. 그러나 이들 두 모델의 어느 하나를 그렇다고 표현한다면 디자이너 간디니와 차르다에게 대단한 결례라 하겠다. 특히 람보르기니는 우리 모두가 지켜보는 가운데 직선과 예리한 모서리를 부드럽게 휘어지는 곡선으로 진화시켜왔다. 보닛의 굽이치는 윤곽과 두 옆구리로 흘러내리는 코카콜라병 스웨이지 라인을 따라가 봤다. 그러자 제도판의 연필 자국이 눈에 뚜렷이 들어왔다. 간디니가 거둔 가장 위대한 승리는 무엇일까? 뒤 휠아치는 빗겨 잘라내 스타일에 역동성을 듬뿍 쏟아부었다 이처럼 잘려나간 휠아치는 검은 NACA 덕트와 대체로 변화 없는 LP500 콘셉트에 곁들인 펑 뚫린 에어스쿠프와 짝지었다.

쿤타치는 어느 각도에서나 다른 차였다. 앞에서 보면 날씬한 화살촉이었다. 테일은 완전한 근육덩어리. 옆에서 보면 크루즈 미사일이었다. 1974년 야성적인 스윙도어는 SF 영화에서 바로 튀어나온 괴물로 보였을 터였다. 그야말로 한 세대의 슈퍼카 디자인을 주름잡은 걸작이었다. 그 뒤 공장을 나온 모든 람보르기니의 시각적 언어에 영향을 줬다.

그와 대조적으로 판테라는 당연히 한층 미국적인 취향을 자랑했다. 쿤타치는 온전히 이탈리아 슈퍼카였다. 그와는 달리 드 토마소는 머슬카의 기질이 뚜렷했다. 크게 솟아오른 뒤 타이어는 초강력 드랙스터를 떠올렸고, 옆창과 만난 뒤 휠아치는 머스탱 마치 1과 뷰익 스카이라크를 연상시켰다. 아울러 드 토마소는 리처드 티그형 AMC AMX/3을 물리치기 위해 만들었다. 그러나 후자는 결국 아무런 실체가 없는 공갈에 불과했다.

뒤에서 보면 쿤타치와 판테라는 놀랍도록 흡사했다. 두 모델의 테일은 제각기 공격적으로 수직 뒷창으로 이어졌다. '우리' 람보르기니는 보기드물게 실용성을 가진 작은 도어 미러를 달았다. 판테라에는 없어 눈에 띄는 특징이었다. 당시에는 어느 차를 몰든 후진할 때 적기를 든 보조원을 조수석에 태워야 했다. 혹은 쿤타치의 경우 레이스 트랙의 '피트 레인 기법'을 익히고 스윙도어를 활짝 들어 올린 채 후진하는 방법을 시도해볼만했다.

기술면에서 람보르기니는 새것과 낡은 것을 기묘하게 혼합했다. 첨단 경량 알루미늄 보디로 복잡한 스페이스 프레임을 감쌌다. 아울러 미우라에 쓰인 V12 4.0L를 미드십에 올렸다. 가로놓기 엔진의 선배와는 달리 LP400의 변속기는 엔진 앞쪽 운전석과 조수석 사이에 놓였다. 파워는 앞쪽 변속기로 들어간 다음 섬프를 지나는 샤프트를 통해 뒤쪽 디퍼렌셜을 거쳐 뒷바퀴를 굴렸다. 놀랍도록 짧은 휠베이스 덕분에 기다란 기어가 필요 없어 순수하고도 경쾌한 기계식 변속이 가능했다.

그와는 달리 드 토마소는 ZF 변속기를 디퍼런셜 뒤에 두었고, 엔진은 액슬 라인 앞에 자리 잡았다. "레이스카 디자이너라면 모든 주요 부품이 제자리에 있다는 걸 당장 알 수 있다." 당대의 업계 전문지 〈로드테스트〉의 존 엘드리지가 지적했다. 그리고 여러모로 판테라는 GT 40의 영적 후계자였고, 그룹 4 레이스에 쓸모 있는 도구였다. 그 하부구조는 포드의 르망 24시 우승차 GT 40과 흡사했다. 게다가 공기저항값도 거의 같은 수준이었다. 판테라는 드 토마소–포드 파트너십의 열매를 심장으로 받아들였다. 힘차게 펄떡이는 '클리블랜드' V8 5.8L.

람보르기니 엔진이 날카로운 수술용 메스라면 판테라는 대장간의 큰 망치였다. 푸시로드는 지극히 간단했다. 단순한 구조가 내구성을 북돋고 신뢰성을 바탕으로 조율·변형 가능성을 높였다.

드 토마소 V8의 잔잔한 음향만 들어도 어디에 있는지 당장 알 수 있었다. 쿤타치는 달랐다. 우리가 시승한 차는 오른쪽 운전석 모델 17대 중 하나였다. 스윙도어를 들어 올리고 운전석으로 미끄러져 들어갔다. 등받이가 높은 가죽시트는 파격적이었다. 미우라보다 차분했으나 실내는 이탈리아 스타일이 물씬했고, 70년대식으로 현란했다. 똑바로 일어선 운전석과 페달 배열이 발놀림을 조심스럽게 만들었다.

키를 돌리자 연료펌프가 울컥했다. 6개의 트윈 초크 사이드 드랩트 웨버가 잇따라 딸칵 윙윙거릴 때 슬쩍 액셀을 건드리자 엔진이 힘차게 살아났다. 핸드 브레이크가 풀리자 기어 레버가 힘들이지 않고 1단에 들어갔다. 물림이 높고 행정이 긴 클러치를 풀었다. 회전대를 치밀하게 조율해야만 엔진스톨을 막을 수 있었다. 이 차의 오너 스티븐 워드는 쿤타치에 익숙하지 않을 경우 문제가 될 수 있다고 말했다.

쿤타치에 익숙하지 않으면 누구나 출발할 때 신경이 쓰였다. 승마를 해봤다면 잘 알 수 있는 느낌이었다. 뻑뻑하면서 목적의식이 뚜렷한 변속기를 조작할 때마다 자신감은 늘어났다. 액셀을 좀 더 공격적으로 몰아가자 허파 가득 들이찬 공기와 빨아들인 연료에 맞춰 V12의 포효가 장쾌했다.

낮은 휠아치가 서스펜션 행정을 제한했다. 그러나 험악한 도로에서도 쿤타치는 노면을 멋지게 요리했다. 코너링이 평탄해 시원스러운 커브를 돌면서 닥쳐오는 오르막에 대비할 수 있었다. 전방 불명의 마루턱은 브레이크를 시험할 좋은 기회였다. 거기서 나이가 드러났으나 LP 400은 힘차게 타고 넘었다.

우리는 얼마 동안 몰아본 뒤 운전대를 오너에게 넘겼다. 그는 능란하게 사운드트랙을 한계 직전까지 밀어 올렸다. 프로 드라이버처럼 변속기를 타고 올라 다이얼의 한계까지 바늘을 휘돌렸다. 그의 입꼬리가 귀에 걸렸다. 쿤타치의 불꽃 튀는 스피드는 페라리 복서부터 포르쉐 911 터보까지 당대의 모든 라이벌을 따돌렸다. 40년이 지난 지금도 더 빠른 라이벌을 만나지 않고 1년 내내 돌아다닐 수 있다.

판테라는 람보 백미러의 차량 대열 속에 한 개 검은 점으로 사라졌다. 그러나 뒤따르는 대다수보다는 훨씬 잘 싸웠다. 드 토마소는 시속

224km에서 한계에 도달했으나 일상적인 조건에서는 잘 버텼다. 0→시속 100km 가속에서 0.2초 뒤질 뿐이었다.

시동을 걸자 람보르기니는 뜻밖에도 잔잔히 웅얼거렸다. 그와는 달리 판테라의 4개 배기관은 공회전에도 불길한 V8 사운드를 토했다. 제대로 망치를 내리치자 치솟는 아우성에 귀가 먹먹했다. 1→2단과 3→4단 변속이 느렸다. 따라서 처음에 급가속하려 할 때 약간 답답했다. 그러나 0→시속 100km 가속을 제외하면 느긋한 변속과 긴 행정이 걸리지 않았다. 판테라의 최고 장기는 보행속도 운행 능력이었다. 교통체증 속을 최신 해치백처럼 수월하게 헤집고 다녔고, 어느 기어에서나 엄청난 토크

의 물결을 탔다.

　핸들링 성능은 망구스타를 훨씬 뛰어넘었다. 국립공원 피크 디스트릭트의 굽이치는 꼬부랑길에서는 이탈리아제 라이벌의 뒤꽁무니를 따라야 했다. 당대의 도로시승 전문가가 지적한 대로 판테라는 힘차게 몰아붙이면 언더스티어가 뚜렷했다. 전적으로 반갑지 않다고 할 수는 없었으나 사진 촬영을 할 때 두드러졌다. 그러나 점진적이었고, 돌발적인 다수 미드십 모델보다 훨씬 완만했다.

　두 라이벌의 가격차는 7만5000파운드(약 1억 원)로 엄청났다. LP400 한 대를 사려면 판테라 12대를 팔아야 한다. 두 라이벌 오너는 제때 지

갑을 여는 지혜를 갖췄다. 드 토마소 오너 마이클 피셔의 설명을 들어보
자. "값이 너무 빨리 솟아올라 그때가 아니면 영영 살 수 없으리라는 생
각이 들었다." 치솟는 값은 LP400에도 영향을 줬다. 하지만 오너 스티븐
워드는 클래식 가치의 상대성을 지적했다. "20여 년 전 나는 남아공에서
쿤타치를 샀다. 당시 그 돈이면 수영장과 2대용 차고가 딸린 아늑한 주
택을 살 수 있었다. 지금은? 거의 비슷한 가치를 갖고 있다."

그러나 이들 이색적인 2대 가운데 어느 쪽을 선택하느냐는 각자의 호
주머니 사정에만 달린 것은 아니다. 한쪽은 도로에서 완전히 시험할 수
없는 진정한 슈퍼카 성능을 안겨준다. 아울러 달리 모방하기 어려운 드
라마를 선사했다. 다른 한 대는 착하게 돌아선 문제아였다. 이탈리아 스
타일과 미국 기술을 비범하게 아울렀다. 따라서 부분을 모두 합친 것보

다 더 큰 성과를 거뒀다. LP 400은 텅 빈 고속도로에서 대륙횡단을 시도하기에 더 알맞은 차였다. 한편 미국 자동차 잡지 〈로드&트랙〉은 판테라를 '값비싼 키트카'라고 혹평했으나 과거 어느 때보다 매력적인 차로 다가왔다.

　기술적으로 우월한 람보르기니는 침실 벽과 너덜한 톱 트럼프의 포스터가 빚어낸 모든 기대를 충족하고도 남았다. 그런데 판테라와 더불어 많은 시간을 보낼수록 레오나르도 다 빈치의 명구가 떠올랐다. "궁극적으로 정교한 것은 단순하다."

글·그레그 맥르만(Greg Mcaleman)

사진·줄리안 매키(Julian Mackie)

350GT : 엔초 페라리에게 악몽이었던 차

에는 예술작품이고, 너무나 극적이었다. 어떤 차와 비교해도 확연히 다르다. 쿤타치도 환상적이지만 디자인에서는 비교가 되지 않는다. 당대에는 큰 감명을 줬지만, 350GT가 훨씬 뛰어나다"

오랜 세월 동안 람보르기니에 너무나 깊숙이 빠져들었기 때문에 디자인 감각마저 일그러진 느낌이 들었다. 내가 보기에 350GT는 어느 모로 절묘한 디테일을 갖춘 잘 생긴 머신이다. 하지만 아름답다고 하기에는 어쩐지 좀 어색하다. 당당한 꼬투리 속의 시비에 램프를 달고 있는 노즈는 꼭 벌레 같다. 애스턴을 닮은 루프라인은 약간 지나치게 둥그스름하다. 게다가 네모진 테일은 너무 가파르다.

그러나 혹평은 옳지 않다. 같은 해 세상에 나온 페라리 330GT의 산

뜻한 아름다움에는 미치지 못한다. 하지만 투어링은 페르치오가 바라던 대로 개성이 뚜렷하고 우아할 뿐 아니라 당시 시장에 나온 어떤 차와도 다른 스타일을 빚어냈다.

나아가 우리는 이 차가 살아남았다는 사실에 감사해야 한다. 의사 스튀더에 뒤이어 '0102'는 작가이며 브랜드 권위자 로브 드 라리브 복스와 오스카 레이서 페터 베셀의 손을 거쳤다. 베셀이 미국으로 가져갔고, 거

기서 다시 팔렸다. 1970년대 초 뉴욕 주 플러싱에서 충돌했고, 1976년 고철로 팔려 그 운명은 끝나는 듯했다. 하지만 얀 반 데어반이 구출하여 앨라배마에 보관했다. 그렇지만 다시 20년 뒤에야 350GT는 시간과 돈, 그리고 제대로 복원할 뜻이 있는 오너를 만났다. "고맙게도 이 차는 늘 실내에 보관돼 있었다" 1997년 이 차를 손에 넣은 폴 J. 뢰슬러의 말. "그 바탕은 1976년부터 원형 그대로 간직해 온 타임캡슐이었다. 복

1964년 제네바모터쇼의 '0102' 섀시

1963년 토리노모터쇼에 나온 스카글리오네의 프로토타입

원작업은 아주 재미있었다"

섀시 0102는 기본 프레임만 남기고 완전히 벗겨냈다. 다행히 **뼈대**는 전혀 손상되지 않았다. 귀중한 알루미늄 얼굴은 오리지널 그대로 단일 범퍼에 계란판 스타일을 되살렸다. 1964년에 만든 다른 10여 대 350GT 그대로 '0102'는 과열에 시달렸다. 때문에 공장으로 돌아가 그 뒤에 나온 분할 범퍼와 보다 개방적인 그릴 디자인으로 바꿨다. 복원 과정에서 또 다른 사실이 밝혀졌다. 제네바모터쇼에 나왔던 프로토타입의 드로틀 연결부를 잘라내고 훨씬 단순한 양산 제품으로 갈았다. 동시에 '2+1'이었던 뒷좌석 자국이 뒤쪽 데크 아래 뚜렷이 드러났다. 아울러 공장 기록이 그 사실을 뒷받침했다.

뒷유리 아래 꽉 끼어있던 그 좌석이 편했을 리는 없다. 안락하고 몸을 잘 받쳐주는 나직한 앞 버킷시트와는 달랐다. 앞쪽에는 패딩이 들어가고 보기에도 정교한 대시보드에 크고도 멋진 제거형 속도계와 회전계가 달려있다. 숫자는 문자판이 아니라 유리에 바로 적혀 있다. 천공 목제 3스포크 스티어링은 보기에 아름답고 감촉이 특별하다. 연료펌프를 작동하기 위해 센터 콘솔의 스위치를 건드릴 때 기대는 폭발한다. 뒤이어 키를 돌리면 한참 만에야 V12는 부스스 점화된다. 그때 액셀을 슬쩍 건드리면 놀랍게도 매끈하고 세련된 공회전에 들어간다.

꺽다리 뉴질랜드 테스트 드라이버 봅 윌리스가 운전석을 키우는 데 한몫했다. 뿐만 아니라 당시 겨우 25세였던 그는 운전성능에도 영향을 줬다. 출발할 때는 ZF 5단 기어를 단단히 잡고 클러치에 힘을 넣어야 하니까 무겁다. 하지만 곧 ZF의 월넛 스티어링은 가벼워지고 유연하고 정확하다. 4개 독립 서스펜션—모두 위시본과 코일/댐퍼—이 나긋한 승차감을 밑받침하고, 산길을 번개같이 달릴 때 맛깔스러운 밸런스를 지켜준다. 이때 저절로 베네치아에서 이뤄질 뜨거운 데이트를 꿈꾸고, 밤새워 오토스트라다를 공격하고 싶다. 헤드램프가 이글거리고 친퀘첸토 무

리가 백미러 속으로 멀리 사라진다.

게다가 드라마틱한 엔진을 빼놓을 수 없다. 지금까지 람보르기니는 파란 많은 일생을 겪어왔다. 그동안 4캠 V12는 역대 람보 기함의 심장으로 힘차게 뛰놀았다. 올해 후반 무르시엘라고 생산을 마치면 그와 함께 V12도 영원히 물러난다. 그보다 순수한 사운드, 더 큰 파워, 더 뛰어난 세련미를 갖춘 동급 라이벌이 있다. 하지만 이 경우 6500rpm에 250마력으로 이 같은 성능을 발휘할 엔진은 달리 없다. 그토록 당당한 카리스마로 듬직한 GT를 0→시속 96.5km, 가속 6.4초 최고시속 254km로 몰아붙인다. 저회전대에서는 6개 사이드 드랩트 베버 40DCOE 카뷰레터의 거센 숨소리를 잘 달랜다. 달라라가 페라리보다 람보의 첫 GT를 잘 다스렸기 때문. 하지만 최대 토크 포인트(4000rpm에 33.1kg·m)를 통과하면 그 이상 억누를 수 없다. 그 성능도 마찬가지. 350GT는 모두 디스크지만, 가파른 내리막에서 설치면 감당하기 어렵다.

시장에서 350GT가 실제로 대성공을 거뒀다고 할 수는 없다. 다행히 페루치오는 한 대를 팔 때마다 떠안는 손해를 감당할만한 재력을 갖고 있었다. 한 해 500대라는 야심 찬 목표를 세웠지만, 겨우 150대(4L 23대를 포함해)를 만든 뒤 1967년 2+2 400GT에 자리를 물려줬다. 그럼에도 이 시리즈 제1호는 우리에게 변함없이 경외감을 안겨준다. 350GT처럼 심오한 능력과 매혹적인 개성을 갖춘 모델은 어느 메이커에게나 깊은 인상을 심어주게 마련. 페루치오의 젊고 발랄한 기술진은 페라리 트윈 sohc, 카트 스프링 330GT보다 운전성능이 뛰어나고 한층 정교한 모델을 그토록 짧은 기간에 완성했다. 실로 경이적인 업적이다. 게다가 첫 시도의 성과로는 결코 나쁘지 않다.

글·알리스테어 클레멘츠(Alistaire Clements)
사진·말콤 그리피스(Malcom Griffiths)

디아블로 : 람보르기니가 만든 최고의 드림카

람보르기니 쿤타치(Lamborghini Countach)는 후속 모델에 긴 그림자를 드리웠다. 쿤타치는 추가 옵션인 피렐리 P7 타이어와 우람한 리어윙이 없어도 마찬가지였다. 간디니 오리지널(Gandini original)과 무르시엘라고(Murcielago) 사이에 끼었던 이 모델이 아우디 휘하에서 완전히 새로운 첫차로 다시 태어난 디아블로다. 이 차는 이탈리아 메이커 람보르기니의 격변기에 현대화를 이끌어야 할 사명을 띠고 있었다.

대격변의 원인이 회사 내부에만 있었던 것은 아니다. 회사의 오너가 잇따라 바뀌었다. 처음에 밈란 형제에서 시작해 크라이슬러로 넘어갔고, 이후 인도네시아의 메가테크가 이어받았다. 람보르기니가 기반을 다지는데 한몫을 했던 슈퍼카 시장 전체가 완전히 뒤바뀐 것이다.

1990년 디아블로는 열렬한 환영을 받으며 시장에 뛰어들었다. 시속 320km의 위력을 앞세우며 헤드라인을 장식했다. 그리고 한때 자동차계의 '무서운 아이'였던 람보르기니가 창사 30주년을 맞은 1993년이 되자 슈퍼카 업계에는 전혀 다른 풍경이 펼쳐졌다.

우선 '하이퍼카'라는 전혀 새로운 종족이 등장했다. 이는 오늘날의 1000마력, 200만 파운드(약 28억6200만 원)짜리 하이퍼카의 첫 씨앗이었다. 재규어 XJ220과 부가티 EB110은 한층 수준을 높여 10년 전의 포르쉐 959와 페라리 F40을 밀어냈고, 맥라렌 F1은 하이퍼카의 정상 궤도에 들어갈 채비를 마쳤다. 그러나 람보르기니는 F1을 꺾지는 못하더라도 조용히 엎드리고 있을 수는 없었다. 당장 창사 30주년을 기념해야 했다.

람보르기니가 팬들에게 보낸 이전의 창립 기념 선물은 꽤 호평을 받았다. 하지만 이는 원래 구상했던 선물은 아니었다. 사실 람보르기니는 디아블로를 발표하면서 창사 25주년을 기념하려 했었다. 그러나 차가 제때 나올 수 없게 되자 쿤타치를 마지막으로 다시 페이스리프트하기로 했다. 새 범퍼와 사이드 스커트, 굵직한 OZ 스플릿림 휠 등 아르헨티나계

호라치오 파가니 스타일로 업데이트를 도입했다. 이후 파가니는 몇 킬로미터 떨어진 곳에서 자기 소유의 슈퍼카 회사를 차렸다.

30주년 기념행사는 시각적으로 단연 돋보였다. 그러나 차체 밑부분은 일반 5000QV와 거의 달라지지 않았다. 새로운 기념 머신은 결정적으로 그보다 더 진지한 물건이어야 했다. 슈퍼카의 제2 트렌드를 깊숙이 파고들어 트랙 머신과 로드카의 경계를 허무는, 더 가볍고 더 단단하고 더 빠른 변종이어야 했다. 그 차가 바로 디아블로 SE30이다. SE는 스페셜 에디션(Special Edition)의 앞글자를 따온 것인데, 람보르기니의 준 레이싱카보다는 패밀리카의 화려한 최상급에 더 어울리는 이름이었다.

SE30은 레드와 옐로 컬러를 비롯해 다양한 색상으로 나왔다. 그러나 '메탈 퍼플'보다 더 밀접하고 인연이 깊은 컬러는 없었다. 이 색상은 '람보30'(Lambo Thirty)이라고 불렸다. 당시 여러 잡지에서 이 컬러로 덮인 SE30이 가장 자주 등장했기 때문일 것이다.

람보르기니의 가장 극단적인 525마력 V12 슈퍼카와 전혀 어울리지 않고 영국 여왕 모후의 페티코트를 연상시키는 이 색은 1990년대 재즈펑크 그룹 자미로콰이(Jamiroquai)의 뮤직비디오와 더 인연이 깊다. 남부 스페인 안달루시아에서 촬영된 자미로콰이의 〈코스믹 걸〉 뮤직비디오에는 보라색 SE30과 페라리 F355, F40이 함께 등장한다. 해질녘에 스페인의 어느 꼬부랑 시골길에서 슈퍼카 3대가 치열한 경쟁을 펼친다.

이런 장면을 연출한 이유는 자미로콰이의 리더 제이 케이(Jay Kay)가 유명한 슈퍼카 마니아라는 것 말고는 설명할 길이 없다. 가사를 살펴봐도 람보르기니나 그 어떤 차의 이름도 나오지 않았다. 그래도 TV를 통해 나오는 모터쇼가 중요했고 인터넷이 널리 퍼지기 전에 자란 사람이라면, 람보르기니 V12 슈퍼카를 보여주는 장면을 싫어할 리가 없을 것이다.

뮤직비디오의 콘셉트는 믿을 수 없을 정도로 간단했지만 제작과정은 결코 녹록지 않았다. 케이는 유튜브에서 자미로콰이 뮤직비디오에 대해

설명했다. "나는 독일에서 투어버스를 타고 스페인으로 이동하고 있었는데, 매니저가 와서 '람보르기니를 스페인으로 실어 나르려고 트레일러로 옮기던 중에 그 차를 몰던 친구가 들이받아 박살이 났다'고 알려줬다."

케이는 똑같은 SE30 2호를 구해 촬영을 강행했다. 그러나 이 디아블로의 팔자는 조금 나았을 뿐이었다. 케이는 "내가 개인용 제트기를 타고 촬영지에 도착했을 때 모두 얼굴이 파랗게 질려 있었다. 그리고 매니저가 다가와 조심스럽게 말을 건넸다. '어떻게 말해야 좋을지 모르겠지만 두 번째 람보르기니도 부서졌어. 운전하던 친구가 커브를 돌 때 미끄러

져 낭떠러지 가장자리에 세워둔 카메라를 들이받아서 윈드실드가 완전히 박살나버렸어'라고 말했다."

그러나 촬영 필름이 충분히 남아 있지 않았고, 아드리언 모트 감독이 이끄는 촬영팀은 작업을 계속할 수밖에 없었다. 그래서 어떤 앵글에서 보면 윈드실드가 사라진 게 보인다. 또 어떤 장면에서는 실내에 있는 케이의 머리카락이 윈드실드를 접은 랜드로버 시리즈 원을 탄 것처럼 바람에 날린다. 케이는 "우리는 험난한 스페인 도로를 달리고 있었다. 보닛에 카메라를 달고 있는 차를 몰고 가면서 노래하기란 정말 어려웠다"라

FIRING ORDER
1-7-4-10-2-8-6-12-3-9-5-11

황금색 마그네슘 매니폴드가 엔진룸에 광채를 더했다;
통쾌한 5707cc V12 엔진은 7500rpm에서 525마력을 뿜어냈다고 털어놨다.

우리가 몰았던 특별한 디아블로 SE30은 총생산량 150대 중 142호였다. 어느 보도와는 달리 〈코스믹 걸〉 비디오에 등장한 차가 아니었다. 그러나 자미로콰이와 인연은 있었다. 케이의 첫 번 째 차가 부서진 뒤 그가 새로 구입한 모델이 바로 이 SE30이었다. 당시 공급업자는 셰이크 아마리였고, 그의 가문은 1990년대 영국의 공식 람보르기니 딜러였다. 그들은 현재 프레스턴의 아마리 슈퍼카를 경영하고 있다. 놀라운 것은 〈코스믹 걸〉 뮤직비디오에 나왔던 블랙 컬러의 F355가 그들이 소유한 모델이라는 사실이다.

케이가 왜 SE30에 반했는지는 외관을 보면 쉽게 확인할 수 있었다. 이 특이한 컬러의 차는 마르첼로 간디니의 오리지널 디자인이 시대에 너무 뒤떨어졌다는 판정을 받은 뒤 크라이슬러 디자이너 톰 케일의 길고 매끈한 라인을 완벽하게 살렸다.

'기본형' 양산 디아블로에 비교하면 한층 각진 앞 스포일러를 공기흡입구에 달고 천공 브레이크 디스크를 식혔다. 그리고 그와 대등한 뒤쪽에는 더 낮고 작은 모델의 옵션인 윙보다 가장자리가 더 휘어졌다. 게다가 각도 조절형 센터 섹션을 자랑했다.

문턱 패널의 흡기구는 더 넓고, 양쪽에 보다 컬러의 수직 지느러미 한 쌍이 달렸다. 한편 양쪽의 휠 아치는 우아한 원피스 5구 OZ 경주형 레이싱 합금 휠로 가득 찼다. 데뷔 당시 디아블로의 요란한 (대단히 1980년대적인) 스플릿 림의 우아한 대안으로 등장했다.

그러나 이 30주년 기념호가 껍데기만이 아니라는 두 가지 실마리가 있었다. 첫째, 오른쪽 운전석 옆구리에 달린 아주 희귀한 우주항공형 연료주입구였다. 둘째, 눈에 쉽게 띄지 않을 만큼 조금 열리는 도어 유리였다. 대부분의 창문이 플렉시 글라스 고정판으로 이뤄진 데다 걸리는 게 많아서 도어 창문이 주차 티켓을 체커에 넣을 정도만 열렸다. SE30

을 몰고 맥도널드의 드라이브 쓰루에 들어갔다가는 큰 곤혹을 치를 수밖에 없었다.

람보르기니는 가까운 라이벌 페라리 F40의 특성을 자사 슈퍼카에 끌어다 쓰기로 했다. 때문에 디아블로의 무게를 줄이는 여러 갈래 길을 찾았다. 저토록 잘 생긴 OZ 휠은 기본형 디아블로의 경우 앞쪽 17인치와 뒤쪽 18인치였고, 가벼운 마그네슘으로 만들었다. 실내에서 전기 장비를 덜어냈고, 문턱과 엔진 커버를 비롯, 보디 부품은 역시 가벼운 탄소 섬유로 제작했다.

람보르기니 기술진은 감량 작업을 마치고 각 차의 뒤쪽 쿼터 윈도에 일련 번호판을 장식하는 호사를 누렸다. 시저 도어를 위로 들어 올리는

버튼을 누르자 푸른 알칸타라가 뒤덮고 있는 실내가 드러났다.

우아하지만 놀랍도록 날씬한 좌석에 편안하게 맞도록 앉으려면 믹 재거(Mick Jagger)처럼 몸이 핼쑥해야 할 것이다. 예상대로 휠 아치가 안쪽으로 깊숙이 침범해서 살짝 밀려난 페달 박스를 밟으려면 왼쪽에서 중앙 쪽으로 발을 뻗어야 한다. 따라서 그에 맞춰 자세를 잡아야 했다.

안전벨트는 중앙에서 밖으로 매야 했고, 드라이버의 머리는 불안하게 캔트레일 가까이로 밀려났다. 정면에는 또 다른 문제가 있었다. 계기판은 너무 가파르게 기울어져 있고 그 밑부분은 제라드 스카프(Gerald Scarfe)의 펜 끝으로 겨우 그림을 그릴 수 있을 만큼 너무 떨어져 있다. 그래도 비좁다는 느낌이 들지 않았다.

시동을 켜자 머리 뒤의 V12가 벌떡 깨어났다. 람보르기니의 생일을 기리는 SE30은 아이콘인 엔진에도 축사를 보냈다. 전자 연료분사 장치를 달고 밸브를 두 배로 늘렸으며, 출력도 거의 두 배로 올라갔다. SE30의 좌석 뒤에서 펄떡이는 5.7L 엔진은 1963년 지오토 비자리니가 람보르기니 제1호 350GT에 쓰기 위해 만든 3.5L 엔진보다 파워에서 멀찌감치 앞서 있었다.

미우라 이후 모든 미드십 V12 람보르기니처럼 디아블로 엔진은 세로로 놓였다. 그런데 방향을 180° 틀어 기어박스가 엔진 앞에 놓였다.

도그레그 타입의 5단 수동변속기에 1단 기어를 넣고 장행정 클러치를 푼 이후 액셀을 살짝 밟았다. 와락 등을 떠미는 힘이 거셌다. 2010년 람보르기니가 마침내 비자리니(Bizzarrini) 디자인에 정지 명령을 내렸다. 그때 사라졌던 위협적이면서 동시에 매력적인 강심장의 야성이 이 세대의 V12에 돌아왔다. 분노와 정감을 동시에 발산하며 미세진동이 차체에 퍼졌다. 회전계 바늘을 7500rpm까지 밀어 올리자 좌석과 컨트롤을 통해 그 진동이 내 몸에 전달됐다. 그리고 사운드트랙과 마찬가지로 성능도 난폭했다.

기본형 디아블로의 완전 알루미늄 5707cc는 듬직한 495마력을 토했다. 최종 4기통 쿤타치 455를 쓸모 있게 개선했다. 하지만 SE30은 그 파워를 다시 525마력으로 끌어올렸다. 0→시속 97km 가속시간이 4.2초, 최고시속은 320km에서 333km로 올라갔다.

맥라렌 F1이 잠 못 이룰 까닭은 없다. 하지만 F40 생산을 끝내고 아직 F50을 만들기 이전의 페라리는 가까운 이탈리아 동료이면서 치 떨리는 라이벌이었다. 게다가 스펙상 대등한 요소를 찾기 어려웠다.

대다수 SE30과는 달리 이 차에는 파워 스티어링이 달렸다. 그러나 이 장치는 구동이 아니라 조향기능만 하는 앞바퀴의 꾸준한 피드백을 누그러뜨리지는 못했다. 람보르기니는 운전자 중심의 VT를, 그리고

1993년 오리지널 뒷바퀴굴림 디아블로에는 네바퀴굴림을 도입했다.

하지만 이 장비는 무게를 더했고, 바뀐 섀시는 언더스티어를 일으켰다. 모두 SE30에는 반가운 현상이 아니었다. 운전자와 도로를 연결하는 능력을 둔화시킬 뿐이었다. 그와 달리 람보르기니는 센터 콘솔과 연결된 조절형 안티 롤 바에 필요한 기술 예산을 늘렸다.

150대의 SE30 중 28대가 GT 레이스용 업그레이드 패키지를 달았고 SE30의 정신을 이어받은 전설적인 레이서 미우라의 이름을 따서 호타(Jota)라 불렸다.

호타는 더 가벼운 크랭크샤프트로 개선한 V12에 공기를 주입하는 쌍둥이 루프 스노컬을 받아들였다. 아울러 신형 캠샤프트, 유연한 배기관과 개조한 ECU를 달았다. SE30보다 70마력 늘어난 호타는 오늘날까지 계속되는 람보르기니의 주류 양산차 중 점차 드라이버 중심으로 돌아가는 트렌드의 차세대였다.

그보다 출력이 낮지만 더 경제적인 디아블로 SV는 1995년과 1999년에 나왔다. 이는 아우디가 람보르기니를 인수한 1년 뒤였고, 완전 신형 무르시엘라고가 등장하기 2년 전이었다. 람보르기니는 80대가 넘는 GT를 내놓았고, 그중 가장 매력적인 모델이 디아블로였다.

람보르기니는 쿤타치의 가격이 치솟던 클래식 붐 시기의 전반부를 허무하게 흘려보냈다. 그러다가 디아블로가 점차 높은 인기를 누리게 됐다. 아우디가 완전히 장악하기 이전의 마지막 람보르니기로 시장에서 인정받았다. SE30의 경우 그 자체가 뛰어난 제품이라는 점이 작용한 것이다. 이 메이커의 중간기에 투자와 경영진에 혼란이 있었다. 하지만 람보르기니의 산타가타(Sant'Agata) 본부 하늘에 이따금 찬란한 별들이 빛났다.

글·크리스 칠턴(Chris Chilton)
사진·토니 베이커(Tony Baker)

이슬레로 : 시대를 앞선 이단아

람보르기니 이슬레로는 약간 엉뚱하다. 이슬레로는 전설적인 투우사 마누엘 로드리게스의 목숨을 앗아간 투우의 이름이다. 정말이지 이 람보르기니는 다른 이름을 붙일 수 없는 모습을 하고 있다. 성능마저도 여느 라이벌과 다르다. 당대에는 기계적으로나 미학적으로나 맞설 라이벌이 없었다. 여기 나온 차는 그 시대와는 너무 거리가 멀어 60년대 말 2+2 GT의 폭넓은 카테고리 안에서 이단자로 찍혔다.

더구나 람보르기니 라인업 안에서는 반역자로 몰렸다. 물론 같은 시기의 에스파다와 미우라도 당대의 형제들을 닮진 않았다. 그러나 클래식카를 찾는 오늘날의 마니아들을 헷갈리게 하는 차가 이슬레로이다. 우리가 사진을 찍고 있을 때 주차장을 기웃거리던 사람이 차의 옆모습을 보고 릴라이언트 시미타 SE4와 비슷하다고 했다. 하지만 이 차는 몬

테베르디나 인터메카니카처럼 약간 엽기적인 배지를 달더라도 누구 하나 눈살을 찌푸릴 까닭이 없었다.

사실 이 차는 람보르기니가 들고 나온 4번째 모델이라는 것을 잊기 쉽다. 게다가 미우라와 에스파다의 파격적인 성격 탓에 당시에는 돋보이지 않았다. 트윈 램프의 휘어진 400GT를 대체한 이슬레로는 선배의 장비를 대부분 물려받았다. 하지만 약간 짧아진 튜브형 강철 섀시와 더 넓은 트레드를 갖추고 몸무게를 약 150kg 줄였다.

1968년 제네바 모터쇼에서 첫 선을 보인 스타일은 시대를 한참 앞섰다. 밀라노에 본거를 둔 투어링 마리오 마라치가 내놓은 깜빡 속을 만큼 각진 미래형 드림카였다. 그 디자인의 바탕은 무엇이었을까? 2년 전 미우라의 소용돌이가 불러일으킨 자신감일 수 있다. 혹은 젊은 디자이너의 자유분방한 자신감일 수도 있었다. 아무튼 전위적 작품의 거침없는 대담성은 보는 이로 하여금 숨막히게 만들었다. 이탈리아의 산타가타는 그전에 이미 자유분방한 개성을 자랑하는 GT를 내놨다. 페루치오가 주문한 차는 플레이보이가 아니라 이마에 주름진 기업가를 위한 것이었다.

그처럼 정통한 고객들은 마찬가지로 디스크 브레이크, 완전 독립 서스펜션과 윤택한 실내를 골랐다. 더하여 한층 세련된 패키지의 미우라 성능을 사실상 그대로 받아들였다. 처음에 장착한 엔진은 볼로냐에서 만든 완전 합금 V12 4.0L 330마력 짜리였다. 지오토 비차리니가 설계하고, 지암파올로 달라라가 손질했다. 이슬레로의 0→시속 97km 가속은 6초를 약간 넘었다. 최고시속은 260km에 가까웠다. 그러면서도 미우라보다 고속안정성이 훨씬 뛰어났다. 12개월 동안 겨우 125대가 나온 뒤 이슬레로는 S 스펙으로 올라갔다. 출력은 25마력이 추가됐고, 보닛의 에어 스쿠프(엔진보다는 실내온도를 끌어내리는)가 유난히 눈에 띄었다. 플레어 휠 아치와 개선된 대시보드가 눈길을 끌었다. 다시 1년 동안 100대가 더 나온 뒤 이슬레로는 사라졌다. 그 뒤 더 잘 팔리는 미국 시장을 겨냥한 자라마가 나왔다.

어쨌든 시장에서 큰 인기를 끌지 못한 것은 뜻밖이었다. 따지고 보면 람보르기니 기준으로는 값이 쌌다. 그러나 페루치오와 동생 에드몬도를 비롯해 고객 명단에는 쟁쟁한 인사들이 들어 있었다. 개중에도 당대 최고의 여배우 브리짓 바르도는 이 차의 이미지를 대중의 의식에 아로새겼다. 로저 무어 감독 영화 〈로저 무어의 이중생활〉에서 해럴드 헬름의 야생마 역할을 하면서 인기를 끌었다. 2008년 7월 우리 〈오토카〉의 자매지 〈C&SC〉의 마틴 버클리가 영화에 등장했던 이슬레로 S를 시승했다. 당시 영국 람보르기니의 31년 베테랑 델 홉킨스가 이렇게 회고했다. "영국에 있던 이슬레로는 바하마 총독 소유였고, 정기적으로 산타가타로 돌아가 서비스를 받았다."

　그 말이 아주 정확하다고 할 수는 없었다. 홉킨스는 이 차에 관해 소감을 밝혔다. 아주 특별한 차였다. 영국에 들어온 오른 운전석 이슬레로 S로 섀시번호 6435, 엔진번호 50140. 그것만으로도 희소가치가 대단했다. 하지만 무엇보다 새 차로 나온 뒤 한 가문을 떠난 적이 없었다. 따라서 진정으로 '하나밖에 없는 차'였다.

　초대 윌리엄 카트웨이트는 상선단을 만들었다. 그리고 제1차대전 중 상선을 가장한 전함 Q쉽을 개발하여 1919년 남작의 작위를 받았다. 그 뒤 로이드 해상보험회사를 세웠고, 바하마에서 은퇴생활을 하다가 1956년 세상을 떠났다. 그의 작위는 윌리엄 '빌'(1906년 출생)에게 넘어갔다. 그는 색맹인데도 속임수를 써서 영국 해군 항공 예비대에 들어갔다. 독일 전함 비스마르크의 제1차 공중공격에 가담했고, 두 차례나 청동 무공 십자훈장을 받았다. 그가 처음으로 사들인 정상적인 차는 1961년의 초기 E-타입. 가족의 파이어볼 엔진 뷰익 8 '페어 드롭'에 이어 세컨드카 역할을 했다.

　1960년대가 끝날 즈음 그의 이색차 취향(일찍이 파셀 베가를 구입했다는 말이 돌고 있다)이 발동했다. 그래서 이탈리아로 가서 공장에서 직접 과거 전시용이었던 이슬레로 S를 사려고 했다.

　하지만 문제가 있었다. 공식 대리점을 통해서만 차를 팔 수 있다고 했다. 그는 영국과 바하마 여권을 함께 갖고 있었다. 덕분에 그 자리에서 바하마의 람보르기니 대리점을 설립했다. 결국 윌리엄 경은 자신에게 이슬레로 S를 그 자리에서 팔았다. 1969년 10월 22일 완전무장한 이슬레로는 7000파운드(약 976만 원)에 5000달러(약 595만 원)를 더한 가격에 넘어갔다. 바하마 군도의 낫소에 등록을 마치고 영국 켄트주 맷필드 하우스의 자기 집으로 몰고 갔다. 그는 이 차를 엄청 몰고 다녔다. 정기적으로 프랑스 최고의 휴양지 르 투케와 그 카지노로 달려갔다. 그리고

드래그 레이스라면 이슬레로는 미우라를 압도한다

해마다 람보의 본고장 산타가타를 찾아가 서비스를 받았다.

말년에 가서 그는 한해의 일정을 잘 짜뒀다. 으레 자녀 중 한 사람을 데리고 파리에 가서 승마클럽을 찾았다. 뒤이어 이탈리아로 넘어갔다. 산타가타에서 이슬레로를 람보르기니 서비스에 맡기고 베네치아로 갔다. 며칠 뒤 다시 차를 찾아 집으로 몰고 왔다. 이처럼 놀라운 습관 덕분에 발렌토리 발보니 백작, 봅 월리스와 사귀게 됐다. 그리고 모데나의 호텔을 예약할 때 '성당 옆 조용한 쪽'이라고 주문할 만한 명사 대접을 받았다. 한 번은 집으로 돌아오는데 클러치가 마음에 들지 않았다. 영국에서 고치지 않고 2개월 뒤 다시 차를 직접 몰고 람보르기니로 갔다. 가는 길에 1단과 2단이 말을 잘 듣지 않아 진땀을 흘렸다.

빌 경은 1993년 87세로 숨을 거뒀다. 마크가 차세대 윌리엄 경의 작위를 이어받았으나 작위를 쓰는 경우가 드물었다. 그는 슬하의 3형제에게 람보르기니 소유권을 갖도록 설득했고, 그 전통이 살아있다. 마크는 자기가 소유하고 있을 때 힐클라임에 나갔고, 스너터튼과 브랜즈의 트랙 데이를 즐겼다. 그동안 색상을 오리지널 비앙코(=백색)에서 지알로 솔레(=태양의 노란색)로 갈고, 엔진과 변속기를 다시 만들었다. 하지만 언제나 아버지의 뜻대로 마크와 부인 비키가 몰고 다녔다.

처음부터 이슬레로 S는 순풍에 돛을 달았다고 할 수 없었다. "무엇보다 먼저 바하마에 등록했어야 했다. 그 때문에 영국에 다시 등록하기 위해 수입관세 2500파운드(약 348만 원)를 물어야 했다." 마크의 설명이다. "그건 앞으로 닥칠 불길한 조짐의 시작일 뿐이었다." 그는 유지비로 상당한 돈을 썼다. 그가 소유하고 있을 동안 스트레이트 에이트&콜린 클라크 엔지니어링의 대형 작업을 비롯해 서비스 비용이 10만 파운드(약 1억4000만 원)를 넘었다. 그럼에도 그 차와 함께 나눈 경험을 돈과 바꾸려 하지 않았다. 1999년 브룩랜즈에서 이탈리아 카 데이가 있었다. 그때까지 영국에서 가장 큰 행사였고, 헐링엄 클럽에서 콩쿠르 델레

람보르기니 공장에서

강스가 열렸다. VC10을 비롯해 4대의 다른 라이벌과 맞붙은 경쟁에서 이슬레로 S가 정상에 올랐다. 2010년에는 네덜란드에서 열린 마르셀 발렌부르크의 12대 모임에 참석했다.

초대 오너 윌리엄 경은 차를 몰고 서남 런던 일대를 자주 돌아다니는 것을 좋아했다. 앞서 말한 모든 행사도 그의 찬성을 받고도 남을 일이었다. 마크는 이렇게 말했다. "아버지는 미스터 람보르기니에 매혹됐다. 그는 트랙터를 만들었고, 무엇보다 농부였다. 아울러 누군가 페라리를 넘어서는 페라리를 만들기를 고대했다. 레이스에 정신을 뺏기지도 않고. 고객에 불편을 주지 않으면서 오로지 최고의 스포터 로드카를 만든다는 아이디어에 푹 빠졌다."

이슬레로의 겉모습에는 부드러운 구석을 찾을 수 없었다. 그럼에도 심지어 눈길을 끄는 높은 범퍼에도 이 모델은 확실히 신중해 보였다. 가령 통속적인 2+2 GT가 그 비교대상이었다. 그러나 이슬레로는 여전히 특별하다고 소리높이 외쳤다. 특히 이처럼 생생한 컬러를 입었을 때 더욱 그랬다. 사실 스타일이 제대로 표현되지 않았을 뿐 아니라 저평가됐다. 팝업 헤드램프, BMW식 C-필러와 짧고 네모난 트렁크. 이들을 전제로 했을 때 긴 보닛과 짧은 테일에 담아낼 이보다 좋은 조건을 생각하기는 어려웠다. 하지만 여기서 외형적으로 수직 사각형 스타일에 얼마나 섬세하고 품격 있는 디테일을 담아냈는가를 미처 보지 못했다. 위에 매달린 페달 간격은 계산척만큼 정확했다. 그처럼 깔끔하고 대칭적인 엔진룸은 일찍이 없었다.

아울러 일체의 모더니즘을 제쳐두자. 두툼한 운전석은 펑퍼짐한 엉덩이를 잘 받쳐줬고, 가느다란 필러와 탁 트인 유리온실이 둘러쌌다. 결정적인 스타일 포인트는 옆구리를 앞에서 뒤까지 이어주는 좁다란 크레스트. 이 미사일을 유도하는 일을 도와주기도 했다. 도로에 나가자 주름진 피크가 눈길을 끌었다. 한편 거기에는 콜벳에 가까운 분위기가 감돌았

다. 그들은 그보다 10년 전 제트 시대의 디자인 감각을 짙게 풍겼다. 나르디 블루 레이 또는 알파 디스코 볼란테가 떠올랐다.

실내 소재와 스타일은 전통과 현대를 재미있게 아울렀다. 모조 목재 밴드와 토글을 대신한 피아트제 로커가 달린 대시보드는 구형보다 매력이 떨어진다는 주장도 나왔다. 하지만 그처럼 깔끔한 스타일에는 좀 더 잘 어울린다는 느낌이 들었다. 뭉툭한 목재 3스포크 스티어링 휠에는 다이얼 3개가 달렸다. 정중앙에 소형 오일압계가 있고, 그 양쪽에 시속 300km 재거 속도계와 1만rpm 회전계가 자리 잡았다. 운전석 왼쪽 로커 위에는 보조 계기가 길게 줄지었다. 한편 대시보드의 3분 1은 옵션인 볼레티 에어컨이 차지했다.

안타깝게도 예상했던 블라우풍트 블루 스포트는 좀 더 현대적인 소니로 바뀌고 말았다. 사실 그처럼 부수적인 것들은 문제가 되지 않았다. 스로틀을 세 번 밟은 뒤 키를 돌렸다. 몇 초가 지나자 컬컬한 V12가 폭발한 뒤 1200rpm(실제로 800rpm쯤으로 느껴지는)에서 안정된 공회전에 들어갔다. 페달을 쓰다듬자 6개 웨버 40이 위력적인 V12에 기화기를 쏟아 넣었다. 그때 4개 배기관을 통해 힘차게 분출되는 배기음을 들을 수 있었다.

클러치는 행정이 길었으나 넓은 터널에서 솟아난 뭉툭한 레버의 위치는 완벽했다. 노이즈는 점차 올라갔고, 이슬레로는 저속에서 놀랍도록 몰기 쉬웠다. 4.5회전의 스티어링은 예상과 달리 무겁지도, 느리지도 않았다. 뿐만 아니라 터닝 서클도 별로 나쁘지 않았다. 사실 2단계로 돌아가는 듯했다. 운전대를 완전히 꺾으면 캄파뇰로 마그네슘 휠이 4각으로 돌아갔다. 햇빛에 반짝이는 토끼귀 스피너를 지켜볼 수 있었다.

일단 이슬레로가 출발하자 게이트는 어깨가 넓었다. 오른 운전석 버전에서 드라이버와 5단 변속기의 1~2단은 거리가 멀었다. 때문에 다운시프트 때 기어가 잘못 들어가기 쉬웠고, 차가 비틀거릴 때 잠시 회전이

멈췄다. 그러나 그런 실수가 오히려 트랙션을 되살렸다. 액셀을 밟으면 평형을 잡기 전에 낡은 가솔린 엔진이 점화되는 폭음을 들을 수 있었다. 하지만 그 토크를 낭비할 까닭이 없었다. 5단 변속기는 너무나 상쾌해 짧고 확고한 힘을 발휘했고, 액셀로 쉽게 균형을 잡을 수 있었다.

이슬레로의 두터운 좌석은 거친 승차감을 잘 다스렸고, 코너링은 평탄했다. 정상적인 도로 속도에서는 언더스티어의 희미한 기미를 느낄 수 있을 뿐이었다. 아무튼 이 차는 꼬부랑길을 달려야 할 일이 없었다. 톱 기어에서 1000rpm에 시속 34km로 유럽 전역을 힘들이지 않고 돌아다닐 차였다. 파워 윈도를 내리거나 에어컨을 켜고 달릴 수 있었다.

우리는 그 고혹적인 포효를 듣기 위해 다운시프트와 부팅을 반복하며 그날을 보냈다. 단순하면서도 능률적인 쾌락이었다. 이슬레로는 우리가 시승한 어느 V12 람보르기니 못지않게 세팅이 뛰어났다. 그게 이슬레로의 매력 중 큰 몫이었다. 불과 몇 분 만에 어느 현대적 모델처럼 스스럼없이 몰고 다니고, 언제나 정교한 스릴을 맛볼 수 있는 차였다.

글·제임스 엘리엇(James Elliot)
사진·토니 베이커(Tony Baker)

잘파 : 람보르기니의 마지막 V8 GT

람보르기니 V8 그랜드 투어링 세단 라인업의 마지막 모델인 잘파 (Jalpa)는 1981년 3월 제네바 모터쇼에서 데뷔했다. 람보르기니의 전통 작명 방식에 따라 잘파의 모델명 역시 스페인의 유명 투우 잘파 칸다치 아(Jalpa Kandachia)에서 유래됐다. 잘파는 람보르기니의 V8 GT 세 단 라인업인 우라코(Urraco)와 실루엣(Silhouette)의 후속 모델이다.

잘파의 외관은 1980년대 람보르기니의 역대 모델을 디자인해 온

명문 카로체리아 베르토네의 스타일 디렉터였던 마르크 데샹(Marc Deschamps)과 당시 람보르기니의 기술 총책임자였던 줄리오 알피리에(Giulio Alfieri)가 직접 설계했다.

기술적 특징은 체인 제어식 4중 오버헤드 캠축을 장착하고 오직 알루미늄으로만 제작된 90° V8 엔진을 탑재한 것이다. 우라코와 실루엣에 탑재된 엔진보다 큰 3.5L의 8기통 리어 미드 엔진이다. 최고출력 255마

력/7000rpm, 최대토크 32kg.m/3500rpm, 최고시속은 248km를 넘었다.

1981년 제네바에서 최초 공개된 잘파 프로토타입은 실루엣 모델을 기반으로 제작됐다. 당시 잘파는 양산차에는 자주 사용되지 않던 스페셜 메탈릭 브론즈 색상으로 도색해 멀리서도 눈에 띄었다. 1982년에 양산을 시작했으며 세미 컨버터블 구조, 검은색 범퍼와 엔진 공기 흡입구, 아톤 프로토타입 수평 리어 램프와 16인치 알로이 휠을 장착했다.

잘파의 화려한 내부는 가죽과 카펫을 폭넓게 사용한 결과다. 탈부착이 용이하도록 설계된 타르가 루프는 리어 시트 뒤쪽에 보관할 수 있도

록 특수 공간을 마련햇다. 당시 잘파를 시승해본 수많은 전문가들은 매력적이고 직설적이며 타협하지 않는 잘파의 주행 방식을 극찬했다.

람보르기니는 1984년 제네바 모터쇼에서 1세대 잘파보다 더 개선된 미관과 인테리어를 갖춘 '2세대 잘파'를 공개했다. 2세대 잘파는 차체 색상과 동일한 범퍼와 엔진 공기 흡입구, 둥근 리어 램프를 갖추었다.

잘파는 1988년까지 총 420대가 생산된 후 단종됐다. 잘파는 람보르기니에서 제작한 세단 중 V8 엔진을 탑재한 마지막 세단이며, 역사적으로 동일한 수준의 스포츠카 중 독보적인 엔진 배기량과 포지셔닝을 갖춘 마지막 스포츠카로 기록된다.

LM002 : 람보르기니 최초의 SUV

주유소에 들어와 주유기 앞에 멈추는 람보르기니 LM002의 모습에서 무언가 사악한 분위기가 짙게 느껴진다. 전통적인 V12 엔진의 성난 숨소리가 당신을 움츠러들도록 만들기에 충분하지 않다는 듯, 놀라운 덩치와 공상과학소설에서 막 튀어나온 듯한 모습이 두렵기까지 하다. 공회전 때 씩씩거리는 소리에 슈퍼미니와 가족용 해치들을 혼비백산하게 만들 이 차는 시끄럽고 굶주린 모습이 울새 둥지 속의 뻐꾸기 새끼를 닮았다.

오너인 제인 웨이츠먼(Jane Weitzmann)은 오늘 아침에 이미 주유를

했지만, 고급 무연휘발유를 100파운드(약 16만 원)나 넣어도 연료주입구까지 차오를 기미는 보이지 않는다. 연료탱크 용량은 290L이고 가득 채우는 데 400파운드(약 64만만 원)나 든다. 작은 크기의 주유소를 끌고 다녀야 할 판이다. 그렇게 채우고도 LM002가 달릴 수 있는 거리는 800km에 불과하다. 비정상적으로 정속 주행을 고집하는 경우에 한해서 말이다. 자동차 세상에서 가장 흥미로운 차 중 하나를 몰 수 있는 기회가 주어진 만큼, 오늘은 그렇게 달리지 않을 생각이다.

이번 기회는 최소한 일반도로 위에서나 군대에서 14주 훈련을 받지 않으면 받아들이지 말았어야 할 것이었다. LM002는 빛나간 군 프로젝트의 결과물이기 때문이다. 실제로, 이 차는 7.5cm 두께의 방탄장갑을 두르고 지붕에 기관총을 단 채로 전장을 호령하도록 설계되었다. 하지만 1980년대 초반까지 로널드 레이건과 무아마르 카다피 중 누구도 대량주문을 하지 않았고, 미국은 더 크고 거친 험비를 선호했다. 그래서 람보르기니 경영진과 당시 법정관리 중인 람보르기니의 경영권을 쥐고 정상화를 위한 해법에 목말라 있던 미므랑(Mimran) 형제는 실패한 군용차를 승용차로 바꾸었다.

LM002는 갑자기 만들어졌다. 원래 치타(Cheetah)라고 불린 최초 버전은 V8 엔진을 차체 뒤쪽에 놓았는데, 그 때문에 생긴 무게배분의 문제로 미국 육군은 무심결에 하나뿐인 프로토타입을 아주 작고 무거운 공으로 만들었다는 소문이 전해온다. 뿐만 아니라 이 차가 또 다른 군용차 후보였던 XR311의 복사판이라고 믿었던 미국의 FMC사에 의한 소송 대상이 되기도 했다. 이 두 논란이 겹치면서 람보르기니는 V8 엔진을 뒤에 얹는 대신 V12 엔진을 앞에 얹으면서 조용히 치타가 특수부대용 차로 성공을 거두리라는 기대를 접었다.

어쨌든, 원목과 가죽으로 치장하고 당시에 세상에 알려진 자동차용 첨단장비를 최대한 갖춘 '민간용' LM002가 1986년에 출시되었다. 그 차에는 쿤타치의 5.2L 450마력 엔진, 철제 튜브 스페이스 프레임, 그리고 네 바퀴 독립 서스펜션이 쓰였다. 피렐리 스콜피온 타이어는 거의 바람이 빠졌을 때 2.7톤 무게의 차체를 지지하도록 설계되었다. 0→시속 97km까지 가속에는 8초가 채 걸리지 않았다. 당시라면 평범한 4×4보다는 만화책에 나오는 외계 행성 탐사용 버기에 가깝게 느껴졌을 것이 분명하다.

지금도 크게 다르지 않다. 웨이츠먼의 차는 영국에서 한 손으로 꼽을 정도인 차 중 하나다. LM은 왼쪽 운전석 모델만 만들어졌고 영국에서 공식 판매된 적이 없다. 1993년에 제작된 이 'LE 아메리칸' 모델은 마지막으로 생산된 60대 중 하나이고, 웨이츠먼의 말로는 디아블로 규격 엔진과 일부 실내 업그레이드가 이루어졌다고 한다. 놀랍게도, 이 차는 그녀가 소장한 것 중 가장 신기한 차는 아니다. 웨이츠먼은 TV와 영화업계 대여용으로 만들어진 독특한 자동차 컬렉션(jhwclassics.com)의 큐레이터이고, 애스턴 마틴 라곤다, 카버 원 세 바퀴 차와 앰피카 770도 관리하고 있다.

전에는 오프로드 경주에도 출전했던 웨이츠먼은 스스로 크고 기능적인 모습을 한 차들에 끌린다는 것을 인정한다. "LM002를 정말 원하려면 조금은 이상해야 한다는 점을 인정하지만, 저는 이상하고 놀라운 차가 좋아요" 그녀의 말이다.

그런데, 이 특별히 충격적인 차가 이상함을 뛰어넘는 놀라운 차인가 하는 의문이 든다. LM002의 각지고 가죽으로 뒤덮인 실내에 올라보면 충분하다고 하기에는 실내가 그리 넓지 않은 것을 확인할 수 있다. 앞좌석에는 키 큰 어른이 앉을 수 있지만, 평범한 체형을 갖고 있는 사람이라면 뒷좌석은 불편할 것이다. 앞뒤 좌석을 가르는 넓은 센터 콘솔 때문에 4명이 타기에는 빠듯하고, 대시보드에는 터무니없이 작은 3스포크 슈퍼카 스티어링 휠과 두툼하고 각진 1980년대 스위치들이 널려있다.

저속으로 달릴 때에는 몸이 힘들다. 람보르기니가 LM002의 설계와 수치를 확정했을 때에는 아직 럭셔리 4×4가 태동기였기 때문에, 무척 부담스럽게 느껴졌을 것이다. 스티어링은 무겁고, 클러치 페달은 더 무거우면서 작동이 더디다. 엔진은 반항적이고 시동이 쉽게 꺼져 오프로더에는 어울리지 않는다. 그리고 웨버 카뷰레터 여섯 개가 모두 제대로 작동해 힘이 자유롭게 나오기 전까지는 부드럽게 다뤄야 한다. 만약 오리지널 레인지로버가 이렇게 몰기 힘들었다면 40년은커녕 40개월도 살아

남지 못했을 것이다.

　조금은 덜 피곤하게 느껴지는 더 높은 속도와 잘 뚫린 도로에서 LM002는 1980년대의 카이엔 터보라는 느낌이 들지 않는다. 원하는 만큼 빨리 달릴 수 있지만, 빠른 페이스로 달리는 것을 즐기기에는 섀시가 너무 부정확하고 타이어의 사이드월은 움직임이 지나치다. 영국의 국도를 잘 달려 나가기에는 적절한 기어를 찾아 차를 다루기가 쉽지 않다. 브레이크도 아주 매력적이지는 않다. 하지만 지방의 포장도로를 힘차게 달리는 것은 이 차의 설계 목적이 아니다. 이 차의 목표 소비자는 필자

도, 여러분도, 람보도 아닌 미군이었다.

　새로운 슈퍼 SUV에서 람보르기니는 이 비현실적이고 그로테스크하며 으르렁거리는 괴물로부터 무언가를 받아들여 발전시킬 것이다. 뚜렷하게 돋보이면서 과장스럽고, 호사스러운 분위기로 튀지 않는다면 진정한 람보르기니가 아니다.

　LM002는 멀리서 내리치는 번개만큼이나 그 모습과 소리가 남다르다. 그리고 25년 만에 다시 나오는 람보르기니 SUV도 마찬가지라면, 람보르기니가 일을 제대로 하고 있음을 확인하게 될 것이다.

트랙터 : 나의 색다른 람보르기니

시로 참피(Ciro Ciampi) 씨는 람보르기니 두 대를 보유하고 있다. 한 대는 노란색이며 흥분한 아이처럼 소리 지르는 V10 엔진으로 움직인다. 다른 한 대는 오렌지색으로 노인처럼 골골거리는 2기통 디젤엔진의 도움을 받는다.

50년 넘는 세월 동안 엔지니어링 회사가 진화하면서 그의 오렌지색 DC25 트랙터에서 노란색 가야르도가 분리됐다. 그의 호텔 자갈길에 두 대가 나란히 있는 모습은 람보르기니 창업주 페루치오 람보르기니가 버릇없는 손자와 함께 있는 것처럼 어색하다. 서로 다른 성격을 제외하면, 각각 다른 세대에 속하는 람보르기니 두 대는 몇 가지 공통점이 있다.

우선 충격적인 색상 외에도 디자인이 그렇다. 가야르도는 완전히 드라마틱하지만, 트랙터는 단순한 목적에도 불구하고 비율이 정말 아름답다. 나는 트랙터를 좋아하는 사람으로서 결코 실망하지 않았다. 그것이 트랙터 축제에서 하루를 보내는 이유다.

이 행사는 지난 6월 영국 리펀(Ripon) 근처의 뉴비 홀(Newby Hall)에서 열렸다. 시로 참피 씨와 그의 람보르기니를 만나기 몇 주 전이었다. 750여 대에 달하는 트랙터와 70여 대의 2기통 엔진을 얹은, 좀처럼 보기 힘든 트랙터가 참가했다.

여기 모인 트랙터 모두 흥미로웠지만 특별히 내가 이곳을 찾은 이유는 피아트나 포드, 르노, 레이랜드가 만든 특별한 자동차와 관련된 트랙터를 발견하기 위해서였다. 포르쉐와 람보르기니, 데이비드 브라운 페라리처럼 이곳에서 이색적인 브랜드 말이다.

유감스럽게도 나는 페라리가 한때 트랙터를 만들었다는 잘못된 사실을 머릿속에서 끄집어냈다. 엔초 페라리기 자신의 사무실로 찾아온 페루치오 람보르기니한테 복수하기 위해, 직접 만든 트랙터를 타고 찾아가 더 좋은 퇴비 뿌리는 기계를 만들었다고 말했다는 내용과 비슷하다. 이번 행사에 나온 페라리 트랙터가 있었지만 크게 도움이 되지 않았다.

(왼쪽) 데이비드 브라운 770은 로터스의 운전석마저 복잡하게 보이도록 만든다;
포르쉐-디젤 AP16는 5개의 전진 기어와 1개의 후진 기어로 구성돼 있다

'페라리 95RS'라는 그럴 듯한 이름의 소형 트랙터였다. 심지어 그 모델의 보닛에는 페라리 엠블럼도 있었다.

나는 데이비드 브라운과 포르쉐 트랙터 주인을 만나자마자(행사 안내 책자에는 람보르기니 트랙터가 나왔지만 결국 찾지 못했다) 흥분하며 페라리 95RS와 한 사진에 담기 위해 그들의 트랙터를 운전할 수 있는지 물었다. 데이비드 브라운 트랙터를 소유한 에디 커크(Eddy Kirk)와 포르쉐 트랙터를 소유한 앤드류 먼스(Andrew Mearns)는 내 질문에 웃지 않으려고 애썼다. 그들의 설명에 따르면 페라리라는 이탈리아 회사가 1957년부터 트랙터를 만들었지만 우리가 아는 스포츠카 브랜드와는 전혀 관련이 없다.

자동차와 트랙터가 공유하는 역사는 매력적이다. 그리고 이는 내연기관 엔진의 기원과 바로 연결된다. 1864년 니콜라우스 오토(Nikolaus

Otto)와 오이겐 랑엔(Eugen Langen)은 오토가 특허를 낸 가스엔진을 생산했다. 1872년 공장을 확장하면서 회사이름을 가스엔진 공장이라는 의미의 '가스모터렌-파브릭 도이츠'(Gasmotoren-Fabrik Deutz, GFD)로 바꿨다. 바로 트랙터가 그들이 생산한 첫 번째 차량 중 하나였다.

결국 이 회사는 1968년 독일 농업기계 1위 회사인 파르(Fahr)와 합병해 도이츠-파르(Deutz-Fahr)가 됐고 지금까지 트랙터를 생산하고 있다. 여기서 만든 가장 비싸고 강력한 트랙터가 바로 '도이츠-파르 9340 TTV 워리어'다. 무게가 1만1800kg에 달하며 6기통 7.8L 디젤엔진은 최고출력 341마력, 최대토크 139.9kg·m의 성능을 낸다.

제2차 세계대전이 끝나자 폭격으로 황폐해진 GFD는 재건의 움직임을 보였고, 동시에 약 1000km 떨어진 이탈리아 첸토에서는 페루치오 람보르기니라는 사업가가 버려진 군용차에서 4기통, 6기통 모리스엔진을 가져와서 그의 회사가 만든 첫 번째 트랙터에 얹을 기회를 보고 있었다. 불행하게도 이것들은 가솔린엔진이었다. 그러나 그의 엔지니어 중한 명이 연료분사기를 개발해 디젤엔진으로 전환하기 전에 가솔린으로시동을 걸 수 있게 만들어 문제를 해결했다.

1960년대 초반까지 람보르기니 트라토리는 엄청난 성공을 거뒀다. 결국 이 회사는 페루치오 람보르기니가 자신의 엔지니어링 능력을 비웃은엔초 페라리를 만난 다음 자동차 제조사업에 박차를 가하면서 경쟁 회사에 팔렸다.

페루치오 람보르기니가 신형 트랙터에 넣기 위해 모리스엔진을 개조할 즈음인 1947년, 영국에서 성공한 엔지니어링 가문의 일원이었던 데이비드 브라운은 〈더 타임즈〉의 광고면에서 애스턴마틴 매각 광고를 봤다. 그리고 그는 1913년에 설립한 애스턴마틴을 당시 2만500파운드에바로 사들였다. 데이비드 브라운 트랙터와 애스턴마틴 두 회사는 나란히 번창했지만 1972년 경기침체로 인해 판매에 영향을 받았다. 데이비드 브라운 트랙터 부문을 인수한 미국 테네코 사는 1980년대까지 계속이름을 사용했다.

다시 독일로 돌아가자. 1930년대에 페르디난트 포르쉐가 디자인한 국민차는 나중에 폭스바겐 비틀이 됐고 자매 모델은 '국민 트랙터'의 형태로 남았다. 프로토타입은 가솔린엔진을 썼지만 포르쉐는 은밀하게 공랭식 디젤엔진을 개발하고 있었다. 전쟁이 끝났을 때는 기존에 트랙터를대량 생산했던 업체만 다시 트랙터를 만들 수 있었으므로, 포르쉐는 독일과 오스트리아 트랙터회사에 자체 개발한 1~4기통 공랭식 디젤엔진의 라이선스를 팔았다.

1956년 독일 재벌 기업인 마네스만이 라이선스를 취득해 엄청난 양의 포르쉐 트랙터를 만들었다. 1963년 생산이 중단될 때까지 나온 트랙터만해도 12만5000대가 넘었다.

포르쉐와 람보르기니가 만든 특정한 트랙터는 오늘날 높은 가격대를 형성한다. 완벽하게 복원된 1958년형 포르쉐-디젤 308 슈퍼 N은 경매에서 1만9833파운드(약 2838만 원)에 낙찰됐고, 1960년형 주니어 108L 낙찰가격은 1만3200파운드(약 1888만 원)였다. 수집을 위한 람보르기니 트랙터의 가격 범위는 아주 넓다. 복원된 1955년형 람보르기니 DL25는 미국 경매에서 8만6000파운드(약 1억2306만 원)에 팔렸지만 영국에서는 아주 깨끗한 똑같은 모델이 9440파운드(약 1350만 원)에 그쳤다.

이는 운이 좋으면 저렴한 모델을 찾을 수도 있다는 뜻이다. 예를 들어 1961년형 람보르기니 2241R은 2240파운드(약 320만 원)밖에 하지 않는다. 상대적으로 오래되지 않은 람보르기니 모델의 가치가 낮은 것은 람보르기니 트라토리가 지금도 트랙터를 만들고 있기 때문이다.

자동차 브랜드와 직접 관련이 없는 데이비드 브라운 트랙터는 더 싸다. 영국 노폭(Norfolk)에서 농사를 짓는 에디 톰슨(Eddie Thompson)이 데이비드 브라운 트랙터 55대를 포함한 빈티지 트랙터 70대를 경매에 내놓은 가격은 10만 파운드(약 1억4310만 원)다. 이중 마지막 모델인 케이스 데이비드 브라운 1412는 8000파운드(약 1144만 원)에 팔렸다.

그는 자신이 수집한 트랙터 중 하나인 1960년형 포드슨 메이저를 몰다가 골반과 다리, 발목이 부러지는 사고를 당하고 난 뒤, 주변 사람들의 말을 듣고 모두 팔아버렸다. 그는 지역 신문에 "다시 볼 수 있어 행복하다"는 소감을 남기기도 했다. 그의 결정은 수많은 다른 트랙터 수집가한테 지지받을 수는 없겠지만, 상황이 그렇다면 충분히 이해할 수 있다.

글·마틴 버클리(Martin Buckley)
사진·토니 베이커(Tony Baker)

베르토네가 빚은 람보르기니 걸작들

1912년 지오반니 베르토네가 창업한 역사에서 로마 출신의 스칼리오네는 아이콘이 된 수 많은 디자인을 낳았다. 1960년대 초에는 21살의 조르제토 주지아로가 디자인 총책이 됐다. 세월이 흘러 그 자리를 마르첼로 간디니가 차지했다. 마르크 드샹은 1979년 디자인 책임자로 들어왔나. 어쨌든 지금까지 베르토네는 파란 많은 여정을 거쳤다. 지난날 베르토네의 걸작 중 람보르기니 모델을 살펴보자.

미우라(Miura)

1965년 주지아로는 베르토네를 떠나 기아로 넘어갔다. 일단 1966년 오리지널 슈퍼카가 베일을 벗자 간디니는 그 반사광에 몸을 담갔다. 주지아로가 이미 프로필을 그렸고, 간디니는 그 틈을 채웠다는 주장이 나돌았지만 진실은 그 중간 어디쯤에 놓여있다.

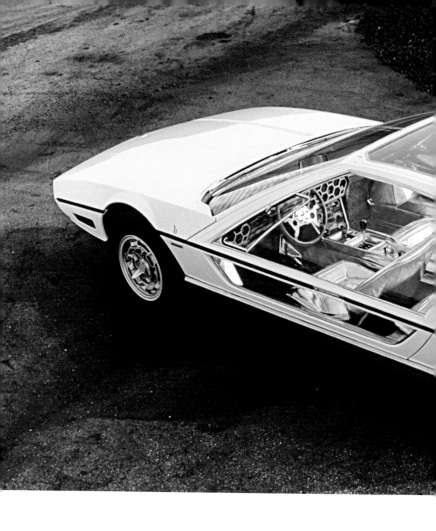

마잘(Marzal)

베르토네의 간디니가 디자인한 마잘은 1967년 제네바 모터쇼에
서 콘셉트카로 선보였다. 급진적인 스타일링으로 화제를 모았으며
1967년 모나코 그랑프리에서 레이니어 왕자와 그의 아내 그레이스

공주가 함께 이 차를 타고 경주 전 퍼레이드에 나섰다. 넓은 유리 면적, 4인승 걸윙 도어의 미학적인 잘마는 양산차로 나오진 않았 지만 에스파다에 많은 영감을 주었다.

브라보(Bravo)

간디니 디자인의 콘셉트카 브라보는 1974년 토리노 모터쇼에서 선
보였다. V8 3.0L 300마력 엔진을 얹고 뒷바퀴를 굴렸다. 윈도 배

열을 포함한 많은 요소가 쿤타치로부터 영감을 받았다. 베르토네 박물관에 안착할 때까지 수 만km의 테스트를 거쳤다.

쿤타치(Countach)

'쿤타치'는 이탈리아 피에몬테 지방에서 화끈한 미녀를 봤을 때 남자들이 쓰는 감탄사. 1971년 처음 제네바 모터쇼에서 선보인 쿤

타치는 디자이너 간디니의 변신을 보여주는 작품이었다. 쿤타치의
성공 이후 간디니는 새롭고 기하학적인 디자인을 더 많이 실험했
고, 알파로메오 카라보와 란치아 스트라토스 제로 등을 빚어냈다.

람보르기니 헤리티지 드라이브
(LAMBORGHINI HERITAGE DRIVE)
: 람보르기니 역사와 기계 미학에 대한 기록

1판 1쇄 발행 2022년 9월 1일

엮은이, 펴낸이 최주식
편집 이현우
펴낸곳 C2미디어
출판등록 2007.11.6. (제 2018-000157호)
주소 서울특별시 마포구 희우정로 20길 22-6 1층
전화 02)782-9905
팩스 02)782-9907
홈페이지 www.iautocar.co.kr
전자우편 c2@iautocar.co.kr
ISBN 979-11-975197-7-2 [03550]

인쇄 갑우문화사

일러두기

이 책의 일부는 본고딕, 본명조, 윤고딕, 윤명조, 한국·프랑스 정부 표준 타자기체의
글꼴을 사용하여 디자인되었습니다.

값 16,000원
파본은 구입처에서 교환해드립니다